AF193121

Promoción del uso eficiente de la energía en edificios

Víctor García-Márquez Robledillo

Juan González Jiménez

Joaquín González Pérez

ic editorial

Promoción del uso eficiente de la energía en edificios
© Víctor García-Márquez Robledillo

1ª Edición

© IC Editorial, 2024

Editado por: IC Editorial
c/ Cueva de Viera, 2, Local 3
Centro Negocios CADI
29200 Antequera (Málaga)
Teléfono: 952 70 60 04
Fax: 952 84 55 03
Correo electrónico: iceditorial@iceditorial.com
Internet: www.iceditorial.com

ISBN: 978-84-1184-481-9
Depósito Legal: MA 2719-2024

Impresión: PODiPrint
Impreso en Andalucía – España

Nota de la editorial: IC Editorial pertenece a Innovación y Cualificación S. L.

Presentación del manual

El **Certificado de Profesionalidad** es el instrumento de acreditación, en el ámbito de la Administración laboral, de las cualificaciones profesionales del Catálogo Nacional de Cualificaciones Profesionales adquiridas a través de procesos formativos o del proceso de reconocimiento de la experiencia laboral y de vías no formales de formación.

El elemento mínimo acreditable es la **Unidad de Competencia.** La suma de las acreditaciones de las unidades de competencia conforma la acreditación de la competencia general.

Una **Unidad de Competencia** se define como una agrupación de tareas productivas específica que realiza el profesional. Las diferentes unidades de competencia de un certificado de profesionalidad conforman la **Competencia General,** definiendo el conjunto de conocimientos y capacidades que permiten el ejercicio de una actividad profesional determinada.

Cada **Unidad de Competencia** lleva asociado un **Módulo Formativo,** donde se describe la formación necesaria para adquirir esa **Unidad de Competencia,** pudiendo dividirse en **Unidades Formativas.**

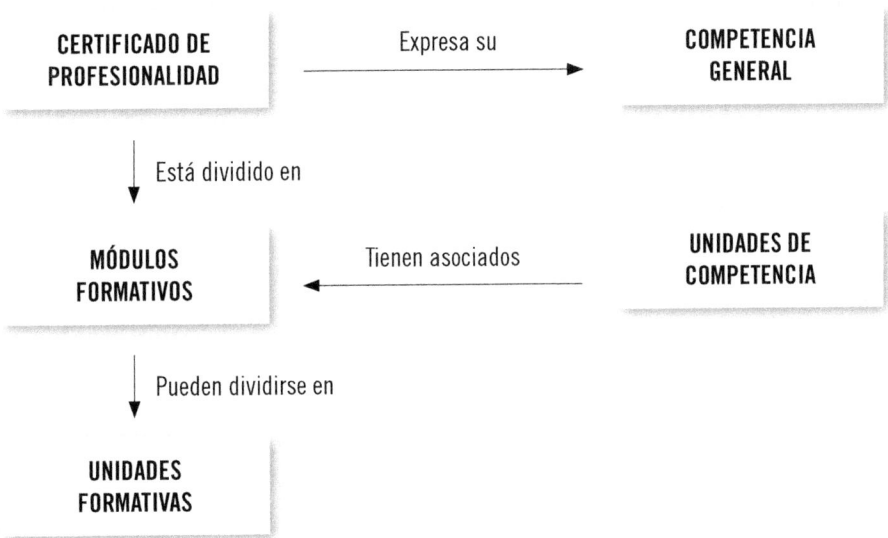

El presente manual desarrolla el Módulo Formativo **MF1197_3: Promoción del uso eficiente de la energía en edificios,**

asociado a la unidad de competencia **UC1197_3: Promover el uso eficiente de la energía,**

del Certificado de Profesionalidad **Eficiencia energética de edificios.**

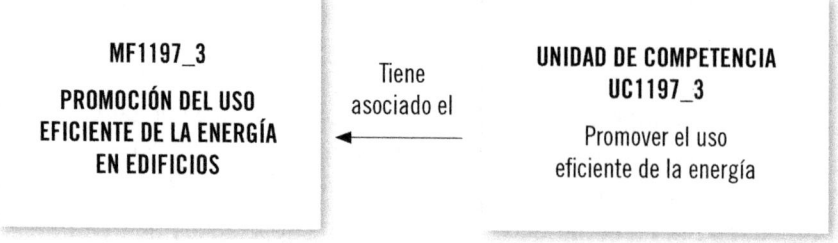

MF1197_3

PROMOCIÓN DEL USO
EFICIENTE DE LA ENERGÍA
EN EDIFICIOS

Tiene
asociado el

UNIDAD DE COMPETENCIA
UC1197_3

Promover el uso
eficiente de la energía

FICHA DE CERTIFICADO DE PROFESIONALIDAD

(ENAC0108) EFICIENCIA ENERGÉTICA DE EDIFICIOS (R. D. 643/2011, 9 de mayo)

COMPETENCIA GENERAL: Gestionar el uso eficiente de la energía, evaluando la eficiencia de las instalaciones de energía y agua en edificios, colaborando en el proceso de certificación energética de edificios, determinando la viabilidad de implantación de instalaciones solares, promocionando el uso eficiente de la energía y realizando propuestas de mejora, con la calidad exigida, cumpliendo la reglamentación vigente y en condiciones de seguridad.

Cualificación profesional de referencia	Unidades de competencia		Ocupaciones o puestos de trabajo relacionados:
ENA358_3 EFICIENCIA ENERGÉTICA DE EDIFICIOS (R. D. 1698/2007, de 14 de diciembre de 2007)	UC1194_3	Evaluar la eficiencia energética de las instalaciones de edificios.	• Gestor energético • Promotor de programas de eficiencia energética • Ayudante de procesos de certificación energética de edificios • Técnico de eficiencia energética de edificios
	UC1195_3	Colaborar en el proceso de certificación energética de edificios.	
	UC1196_3	Gestionar el uso eficiente del agua en edificación.	
	UC1197_3	Promover el uso eficiente de la energía.	
	UC0842_3	Determinar la viabilidad de proyectos de instalaciones solares.	

Correspondencia con el Catálogo Modular de Formación Profesional

Módulos certificado	Unidades formativas	Horas
MF1194_3: Evaluación de la eficiencia energética de las instalaciones en edificios	UF0565: Eficiencia energética en las instalaciones de calefacción y ACS en los edificios	90
	UF0566: Eficiencia energética en las instalaciones de climatización en los edificios	90
	UF0567: Eficiencia energética en las instalaciones de iluminación interior y alumbrado exterior	60
	UF0568: Mantenimiento y mejora de las instalaciones en los edificios	60
MF1195_3: Certificación energética de edificios	UF0569: Edificación y eficiencia energética en los edificios	90
	UF0570: Calificación energética de los edificios	60
	UF0571: Programas informáticos en eficiencia energética en edificios	90
MF1196_3: Eficiencia en el uso del agua en edificios	UF0572: Instalaciones eficientes de suministro de agua y saneamiento en edificios	60
	UF0573: Mantenimiento eficiente de las instalaciones de suministro de agua y saneamiento en edificios	40
MF1197_3: Promoción del uso eficiente de la energía en edificios		40
MF0842_3: Estudios de viabilidad de instalaciones solares	UF0212: Determinación del potencial solar	40
	UF0213: Necesidades energéticas y propuestas de instalaciones solares	80
MP0122 Módulo de prácticas profesionales no laborales		120

Índice

Capítulo 1
Planes de divulgación sobre eficiencia energética

Contenido

1. Introducción

La sociedad sigue evolucionando y creciendo año tras año, así como sus necesidades de bienestar. El crecimiento económico ha llevado consigo en las décadas pasadas un incremento en el consumo energético, tanto en el sector del transporte como en el industrial, y también en los hogares. Es importante desligar un crecimiento económico con un mayor consumo energético, pues las fuentes de energía y materias primas empiezan a escasear peligrosamente, además de que muchas de ellas, debidas a su origen fósil (petróleo, carbón...) son altamente contaminantes para la atmósfera, y otras (como las centrales nucleares) generan residuos muy peligrosos.

Es por ello que las campañas de ahorro y eficiencia energética son cada vez más importantes, y la concienciación social cada vez mayor. Las campañas de divulgación de los beneficios económicos y sociales del ahorro energético, tanto en empresas como en hogares, son una inversión importante por parte de los estados pero que se verán amortizadas sobradamente en el medio y largo plazo si se han planificado y estructurado en el tiempo convenientemente, pues habrán logrado los objetivos para los que fueron diseñadas.

Las formas de concienciación son variadas pero todas ellas válidas, adaptándose al perfil de prioridades y necesidades del usuario receptor. Así, sesiones informativas, cursos de formación, folletos y otras muchas técnicas serán óptimas para lograr dichos objetivos.

2. Planes nacionales de eficiencia energética. Medidas divulgativas

Resulta palpable cómo España, movida especialmente por motivos económicos, sociales y también medioambientales, está experimentando una creciente concienciación sobre la necesidad de optimizar y racionalizar el uso de los recursos energéticos. Por ello, está siguiendo una serie de directrices que le vienen marcadas principalmente por la UE, la cual marca las pautas a seguir en materia de medio ambiente durante varias décadas.

Por ello, se comenzará repasando los movimientos a escala europea más importantes para luego evaluar las repercusiones que tuvieron en la política, legislación y sociedad española.

2.1. Directrices europeas y de la Organización de las Naciones Unidas

Allá por 1972 se decidió en la Cumbre Europea que tuvo lugar en París la redacción del primer programa de actuación al respecto. Por aquel entonces, España no era aún un país de la Unión Europea. En dicho evento, las primeras Directivas se centraron en temas relacionados con el medio ambiente tales como las reservas y calidad del agua en estado natural y su contenido en sustancias químicas, así como el estado de la capa de ozono y la contaminación del aire, sin abordar directamente aún el tema de la eficiencia energética.

Hoy día, el papel de la Unión Europea es apoyar, coordinar y controlar los esfuerzos de cada uno de los Estados miembros, entre ellos España, y comprobar que los gobiernos cumplen fielmente los compromisos adquiridos. En este sentido surgió años atrás un término o concepto que ha logrado el respaldo teórico (aunque lamentablemente llevado a la práctica hasta ahora en menor medida) de la inmensa mayoría de las naciones mundiales, con especial énfasis por parte de la Unión Europea: el **Desarrollo sostenible.**

Definición

Desarrollo sostenible
Principio teórico que pretende "satisfacer las necesidades del presente sin comprometer las del futuro".

Continúa en página siguiente >>

<< Viene de página anterior

Concepto esquemático de desarrollo sostenible

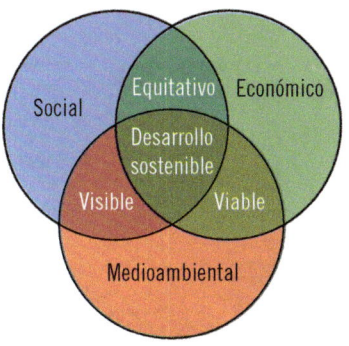

El desarrollo sostenible se logra con la suma de medidas sociales, económicas y medioambientales. Cogidas 2 a 2, se consiguen objetivos parciales (viable, visible y equitativo) pero se necesitan todos ellos para lograr el objetivo final.

El desarrollo sostenible exige garantizar que el crecimiento económico se lleve de tal manera que sea plenamente compatible y viable con el futuro de la humanidad para sucesivas generaciones, por lo que deberá lograrse sin agotar los recursos disponibles o perjudicar directa o indirectamente a la sociedad. España y todos los países europeos han de tratar de aplicar taxativamente esta definición a la gestión energética de los edificios, conforme y fielmente a las directivas europeas, nacionales y autonómicas, a fin de recibir la precisa Certificación de Eficiencia Energética de los Edificios.

El citado principio, tan arraigado a día de hoy en medios de comunicación y política, quedó por primera vez manifestado en la **Cumbre de Río de Janeiro de las Naciones Unidas,** que aconteció en 1992. Sobre esta importante Cumbre se ha de decir que tuvo mucha repercusión de cara a la política económica y medioambiental de los países participantes, pues en ella se establecieron tres importantes objetivos de cara al futuro:

- Apoyar el transporte público.
- Combatir la escasez de agua.
- Fuentes alternativas de energía al uso de combustibles fósiles.

Cumbre de Río de Janeiro de las Naciones Unidas (1992)

Actividades

1. Busque información sobre la Cumbre de París de 1972. ¿Qué países asistieron? ¿Se trató el tema de la energía?

Pero esta cumbre fue quizás el primer gran paso a nivel internacional que fomentó la promoción de un uso racional de la energía, aunque fuese principalmente por motivos medioambientales. El motivo es que en ella se acordó la **Convención Marco de las Naciones Unidas sobre el Cambio Climático,** cuya finalidad es concienciar a los ciudadanos de la necesidad de cambiar sus hábitos de consumo energético para frenar el cambio climático.

Así, quedaba demostrado que el tema energético está directamente ligado a la contaminación atmosférica. De hecho, los científicos estiman que para frenar la concentración atmosférica de GEI (gases de efecto invernadero) hasta un nivel que no sea nocivo con el clima de la Tierra, es preciso reducir a largo plazo las emisiones globales en un 70 % respecto a las registradas en 1990, año tomado como base.

2.2. Plan Nacional Integrado de Energía y Clima 2021-2030 (PNIEC)

El 16 de marzo de 2021, se aprobó el acuerdo por el que se adoptaba la versión definitiva del Plan Nacional Integrado de Energía y Clima 2021-2030 (PNIEC). El acuerdo se oficializó el 31 de marzo de 2021, tras su publicación en el BOE.

El Plan Nacional Integrado de Energía y Clima 2021-2030 (PNIEC) es un documento que define el plan de trabajo estatal en materia energética para la década actual. Este documento certifica la implicación de los países con los objetivos climáticos acordados en el Acuerdo de París.

La elaboración de este plan es consecuencia de la previsión del Reglamento UE 2018/1999 del Parlamento Europeo. Este reglamento establece que cada Estado miembro debe comunicar de forma periódica a la Comisión (antes del 31 de diciembre de 2019, antes del 1 de enero de 2029 y, posteriormente, cada diez años), un Plan Nacional Integrado de Energía y Clima.

Así, el Plan Nacional Integrado de Energía y Clima busca definir un marco político y regulatorio que permita cumplir con los objetivos climáticos que deben alcanzarse en 2030. El documento incluye los objetivos nacionales de reducción de gases de efecto invernadero (GEI), la integración de energías renovables y las medidas de eficiencia energética, entre otras cuestiones.

Objetivos del Plan Nacional Integrado de Energía y Clima: escenario 2030

A continuación, se incluyen los principales objetivos:

- **Descarbonización:** el Plan 2021-2030 tiene como objetivo avanzar en la descarbonización nacional, definiendo unas bases sólidas para alcanzar la neutralidad climática de la economía y la sociedad en el horizonte 2050. En este aspecto, el PNIEC pretende reducir las emisiones de gases de efecto invernadero en un 23 % respecto a 1990. Para alcanzar este objetivo, será imprescindible sustituir los combustibles fósiles por las energías limpias y renovables, así como electrificar un porcentaje importante de la demanda térmica y del transporte.

- **Impulsar las energías renovables:** el PNIEC pretende conseguir una tasa del 42 % de renovables sobre el uso final de la energía. De la misma manera, otro de los objetivos es conseguir que un 74 % de la generación eléctrica se produzca partiendo de energías renovable: eólica (terrestre y marina), solar fotovoltaica, solar termoeléctrica, biocombustibles, energías oceánicas, biomasa y geotermia. En este sentido, se contemplan medidas encaminadas a fomentar las fuentes de energía renovables en los tres usos de la energía (transporte, climatización y electricidad).

- **Eficiencia energética:** se pretende lograr una mejora del 39,5 % en materia de eficiencia energética para 2030. Para ello, será necesario actuar en la envolvente térmica de 1.200.000 viviendas a lo largo del periodo 2020-2030. También será necesario renovar las instalaciones de calefacción y de agua caliente sanitaria de 300.000 viviendas cada año. Por otro lado, se deberá renovar el parque de edificios públicos por encima de 300.000 m² cada año. De la misma manera, se implementarán medidas para fomentar la movilidad sostenible. Se impulsará la reducción del tráfico y de los desplazamientos, el uso del transporte público, la renovación del parque automovilístico y la electrificación del transporte.

- **Seguridad energética:** otro de los objetivos del PNIEC es garantizar el abastecimiento ininterrumpido y el acceso a los recursos energéticos requeridos en cualquier momento. Además, el PNIEC trata de impulsar una energía segura, limpia y eficiente. El documento también busca reducir la dependencia energética y fomentar la flexibilidad del sistema energético nacional.

- **Mercado energético:** el Plan Nacional Integrado de Energía y Clima también busca impulsar un mercado nacional de energía más competitivo, más flexible y transparente, con más presencia en las relaciones comerciales transfronterizas. De la misma manera, se implementará la Estrategia Nacional contra la Pobreza Energética aprobada en 2019.

- **Investigación, innovación y competitividad:** de la misma forma, el plan incorpora medidas orientadas a fomentar la investigación y el desarrollo de soluciones capaces de responder a los retos energéticos y sociales en el ámbito del desarrollo sostenible.

El fomento de la eficiencia energética en las ciudades ha tenido dos componentes o líneas de actuación principales: los edificios, por un lado, y la movilidad, tanto de pasajeros como de mercancías, por otro. Las actuaciones para la mejora de la eficiencia energética de los edificios se han encuadrado dentro de la Estrategia a largo plazo para la rehabilitación energética en el sector de la edificación en España (ERESEE), que cuenta con diferentes piezas legislativas. Es el caso del Código Técnico de la Edificación (CTE), el Reglamento de Instalaciones Térmicas en los Edificios (RITE) o el Sistema de Certificación Energética de Edificios.

La **ERESEE 2020** comprende los siguientes apartados:

- Diagnóstico del parque edificado.
- Diagnóstico del consumo de energía en el sector de la edificación y su evolución 2014-2020.
- Diagnóstico de la rehabilitación edificatoria y su evolución 2014-2020.
- Análisis de los principales retos estructurales.
- Objetivos a 2030, 2040 y 2050.
- Menús de rehabilitación del parque residencial y del parque terciario.
- Escenarios, resultados e impacto previsto.
- Ejes de acción y medidas de implementación.
- Indicadores de seguimiento.
- Los pilares fundamentales de la ERESEE 2020 son:

  - Mejora de la eficiencia energética de los edificios existentes.
  - Impulso de la construcción de edificios de nueva planta de alta eficiencia energética.
  - Desarrollo de un mercado de servicios energéticos eficiente.
  - Movilización de la inversión pública y privada.
  - Sensibilización y formación de la sociedad.

Los **beneficios** que pretende conseguir las ERESEE 2020 son:

- Lucha contra el cambio climático.
- Descarbonización de la economía española.
- Generación de empleo y actividad económica.

La ERESEE contempla que la adaptación del parque residencial español, considerado por el MITMA, a las exigencias en materia de eficiencia energética conseguiría una reducción del consumo y ahorro de energía.

Consumo de energía final en el sector residencial (excluidos usos no energéticos) para el Escenario Objetivo ELP (GWh)				
	2020	2030	2040	2050
Fósiles	72.448	47.465	21.995	-
Electricidad	68.823	64.403	78.571	88.110
Energías renovables	31.148	34.157	23.627	20.155
Total	**172.419**	**146.025**	**124.172**	**108.264**

Ahorros de energía final en el sector residencial (excluidos usos no energéticos) para el Escenario Objetivo ELP (GWh)				
	2020-2030	2030-2040	2040-2050	2020-2050
Fósiles	-24.983	-25.470	-21.995	-72.448
Electricidad	-4.420	14.159	9.548	19.287
Energías renovables	3.009	-10.530	-3.472	-10.993
Total	**-26.394**	**-21.853**	**-15.907**	**-64.154**

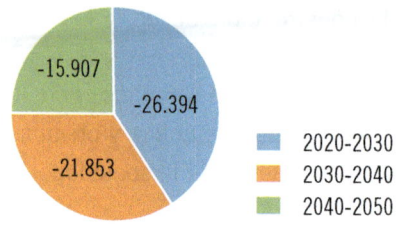

Fuente: MITMA a partir de ELP 2050 (Estrategia a Largo Plazo para una Economía Española Moderna, Competitiva y Climáticamente Neutra en 2050)

 Definición

MITMA
Ministerio de Transportes, Movilidad y Agenda Urbana.

 Aplicación práctica

Tras el compromiso por parte de Europa de buscar una mayor eficiencia energética como consecuencia de la concienciación sobre la necesidad de un desarrollo sostenible, han sido numerosas las directivas europeas y convenciones surgidas con diferentes objetivos en las últimas décadas. ¿Podría citar las directivas y convenciones más importantes surgidas durante este periodo y sus objetivos numéricos (en % de reducciones, por ejemplo) para el futuro, ordenadas cronológicamente? Nota: no se piden planes de ahorro, solo directivas, cumbres y convenciones.

SOLUCIÓN

Las directivas y acuerdos más importantes son los siguientes:

1972. Cumbre Europea. Objetivo: legislar para proteger el medioambiente.

1992. Cumbre de Río de Janeiro de las Naciones Unidas. Objetivo: luchar contra la contaminación y la pobreza.

2005. Entrada en vigor del Protocolo de Kyoto para los países firmantes, Europa entre ellos. Objetivo: reducir sus emisiones respecto a los datos de 1990 en un 8 % a corto plazo.

2006. Directiva 2006/32/CE. Objetivo: se fija para el año 2016 un ahorro energético con carácter orientativo del 9 %.

2012. Directiva 2012/27/UE. Establece la necesidad de presentar planes nacionales de acción sobre eficiencia energética cada tres años desde 2014.

2015. Acuerdo de París. Limitar el calentamiento global a muy por debajo de 2 ºC, preferiblemente a 1,5 ºC, con respecto a los niveles preindustriales.

Continúa en página siguiente >>

<< Viene de página anterior

2018. Paquete de medidas "Energía limpia para todos los europeos". Reducir el consumo de energía final en un 32,5 % para 2030 y reducir las emisiones de gases de efecto invernadero en un 40 % para 2030.

Actividades

---

2. ¿En qué dos componentes o líneas de actuación principales se han basado el fomento de la eficiencia energética en las ciudades?

2.3. Código Técnico de la Edificación (CTE)

Un paso definitivo en la legislación española en el sector de la edificación lo constituyó la entrada en vigor en el año 2000 de la **Ley 38/1999 de Ordenación de la Edificación (LOE).** En ella quedaban expuestos los compromisos y responsabilidades de todos los elementos que forman parte activa o pasivamente en el sector de la edificación, siguiendo unas normas y unos patrones de calidad mínimos. Y otro punto muy importante de esta Ley es que se sentaban las bases para la futura creación de un Código Técnico de Edificación que fuera el pilar en el que sustentarse para cumplir con requisitos de seguridad y calidad en las viviendas, constituyendo la Norma de calidad en edificios. Finalmente, en **2006** se aprobó el **Código Técnico de Edificación,** que, debido a su flexibilidad en cuanto al cumplimiento de las reglas, se espera que fomente la innovación y la creatividad.

 Definición

Código Técnico de la Edificación (CTE)
Es el marco normativo que dicta las exigencias a cumplir por los edificios en relación con los requisitos básicos de seguridad y habitabilidad establecidos en la Ley 38/1999 de Ordenación de la Edificación.

Las exigencias básicas de calidad que deben cumplir los edificios se refieren, según dicta el propio CTE, a:

- Materia de seguridad en sus distintos tipos: estructural, contra incendios y de utilización.
- Habitabilidad, diferenciando entre: salubridad, la protección contra el ruido y el ahorro de energía.

En el Real Decreto 450/2022, de 14 de junio, se modifica el Código Técnico de la Edificación, aprobado por el Real Decreto 314/2006, de 17 de marzo. Para el presente manual tiene especial interés el Documento Básico de Ahorro de Energía (DB HE) presente en esta modificación del CTE. Existe una versión del documento de 22 de diciembre de 2023 en el que se incluyen comentarios del MITMA.

El documento se subdivide en 6 partes que se desarrollan de forma independiente:

HE0 Limitación del consumo energético:

El consumo energético de los edificios se limitará en función de la zona climática de invierno de su localidad de ubicación, el uso del edificio y, en el caso de edificios existentes, el alcance de la intervención

Los edificios no deberán sobrepasar unos valores de consumo energético dependiendo del lugar en el que se encuentren.

HE1 Condiciones para el control de la demanda energética:

1. *Para controlar la demanda energética, los edificios dispondrán de una envolvente térmica de características tales que limite las necesidades de energía primaria para alcanzar el bienestar térmico, en función del régimen de verano y de invierno, del uso del edificio y, en el caso de edificios existentes, del alcance de la intervención.*

2. *Las características de los elementos de la envolvente térmica en función de su zona climática de invierno, serán tales que eviten las descompensaciones en la calidad térmica de los diferentes espacios habitables.*

3. *Las particiones interiores limitarán la transferencia de calor entre las distintas unidades de uso del edificio, entre las unidades de uso y las zonas comunes del edificio, y en el caso de las medianerías, entre unidades de uso de distintos edificios.*

4. *Se limitarán los riesgos debidos a procesos que produzcan una merma significativa de las prestaciones térmicas o de la vida útil de los elementos que componen la envolvente térmica, tales como las condensaciones.*

Se requerirá que el edificio disponga de una envolvente térmica que aísle al máximo el edificio y las diferentes estancias desde el punto de vista térmico. Con ello se reducirá el consumo energético.

HE2 Condiciones de las instalaciones térmicas:

Las instalaciones térmicas de las que dispongan los edificios serán apropiadas para lograr el bienestar térmico de sus ocupantes. Esta exigencia se desarrolla actualmente en el vigente Reglamento de Instalaciones Térmicas en los Edificios (RITE), y su aplicación quedará definida en el proyecto del edificio.

El objetivo es no sobredimensionar los aparatos respecto al edificio o piso, porque serían ineficientes, provocando consumos mayores de lo estrictamente necesario.

HE3 Condiciones de las instalaciones de iluminación:

Los edificios dispondrán de instalaciones de iluminación adecuadas a las necesidades de sus usuarios y a la vez eficaces energéticamente disponiendo de un sistema de control que permita ajustar el encendido a la ocupación real de la zona, así como de un sistema de regulación que optimice el aprovechamiento de la luz natural, en las zonas que reúnan unas determinadas condiciones.

Se trata del mismo concepto del punto anterior pero adaptado a las instalaciones de iluminación. Siempre hay que buscar los equipos óptimos para cada aplicación y lugar.

HE4 Contribución mínima de energía renovable para cubrir la demanda de agua caliente sanitaria:

Los edificios satisfarán sus necesidades de ACS y de calentamiento de agua para climatización de piscina cubierta empleando en gran medida energía procedente de fuentes renovables o procesos de cogeneración renovables; bien generada en el propio edificio o bien a través de la conexión a un sistema urbano de calefacción.

El CTE obliga a ciertos tipos de edificios a cubrir un mínimo de consumo de agua caliente con energía procedente de fuentes renovables.

HE5 Generación mínima de energía eléctrica procedente de fuentes renovables:

Los edificios dispondrán de sistemas de generación de energía eléctrica procedente de fuentes renovables para uso propio o suministro a la red.

Los edificios deberán disponer de fuentes renovables que generen energía eléctrica.

HE6 Dotaciones mínimas para la infraestructura de recarga de vehículos eléctricos:

1. *En los edificios de uso residencial privado se instalarán sistemas de conducción de cables que permitan el futuro suministro a estaciones de recarga para el 100 % de las plazas de aparcamiento.*

2. *En los edificios de uso distinto al residencial privado se instalarán sistemas de conducción de cables que permitan el futuro suministro a estaciones de recarga para al menos el 20 % de las plazas de aparcamiento. Además, se instalará una estación de recarga por cada 40 plazas de aparcamiento, o fracción. En los edificios de uso distinto al residencial privado que sean titularidad de la Administración General del Estado o de los organismos públicos vinculados a ella o dependientes de la misma, la dotación será mayor que la establecida con carácter general, debiéndose instalar una estación de recarga por cada 20 plazas de aparcamiento, o fracción. En caso de que los aparcamientos dispongan de plazas de aparcamiento accesibles, según se establece en el DB SUA, se instalará una estación de recarga por cada 5 plazas de aparcamiento accesibles. Las estaciones de recarga de estas plazas se computarán a efectos de cumplimiento de la cuantificación de la exigencia. Las condiciones de accesibilidad de los puntos de recarga de las plazas de aparcamiento accesibles se encuentran en la definición de plaza de aparcamiento accesible, en el Anejo A del DB SUA.*

3. *En los edificios que tengan unidades de uso residencial privado junto a otras de distinto uso, en los que las zonas de aparcamiento vinculadas a cada uso no estén claramente diferenciadas, se aplicará el criterio correspondiente al uso característico del edificio.*

Dada la actual promoción del vehículo eléctrico el CTE incluye unos condicionantes respecto a la dotación de infraestructura de carga.

Actividades

3. ¿A qué diferentes términos están dirigidas las exigencias básicas para los edificios en materia de habitabilidad?

Un esquema cronológico de los más importantes planes y medidas tomadas a nivel nacional sería el siguiente:

PLAN	Consecuencia de...	Objetivo
E4 (2005-2007)	... Firma Protocolo de Kyoto	Promover ahorro energético en transporte, industria y edificación
E4+ (2008-2012)	... Directiva 2006/32/CE	Mismos que la E4 pero intensificados
PAEE (2011-2020)	... Europa pide reducir en un 20 % la energía primaria de cara al futuro	Mejora de la intensidad final de un 2 % interanual para el período 2010-2020
CTE (desde 2007)	... Ley 38/1999 de Ordenación de la Edificación	Exige requisitos básicos de seguridad y habitabilidad en viviendas
Plan Nacional Integrado de Energía y Clima 2021-2030 (PNIEC)	Reglamento UE 2018/1999 del Parlamento Europeo	Definir un marco político y regulatorio que permita cumplir con los objetivos climáticos que deben alcanzarse en 2030

 Aplicación práctica

Tiene que evaluar la eficiencia energética de una vivienda unifamiliar ubicada en una zona urbana. La vivienda tiene las siguientes características:

- Orientación: la fachada principal de la vivienda está orientada al sur.
- Aislamiento: la vivienda cuenta con aislamiento en paredes y techos, pero las ventanas son de un solo panel de vidrio.
- Climatización: la vivienda dispone de un sistema de calefacción central de gas y no tiene aire acondicionado.
- Iluminación: las luces de la vivienda son principalmente bombillas incandescentes.
- Energía renovable: no se ha instalado ningún sistema de energía renovable en la vivienda.

Tu tarea es realizar una evaluación básica de la eficiencia energética de la vivienda utilizando los criterios del Documento Básico de Ahorro de Energía (DB-HE) y sugerir posibles mejoras para aumentar su eficiencia

SOLUCIÓN

Para evaluar la eficiencia energética de la vivienda, podríamos realizar los siguientes análisis:

Continúa en página siguiente >>

<< Viene de página anterior

▮ Orientación:

▮ La orientación al sur es positiva, ya que permite aprovechar la luz solar para calentar la vivienda en invierno. Esto cumple con los principios de eficiencia energética del DB-HE.

▮ Aislamiento:

▮ El hecho de que la vivienda cuente con aislamiento en paredes y techos es positivo, pero las ventanas de un solo panel de vidrio pueden ser un punto débil en términos de pérdidas de calor. Se podría sugerir mejorar las ventanas con doble acristalamiento para reducir las pérdidas de calor.

▮ Climatización:

▮ El sistema de calefacción central de gas es eficiente, pero sería recomendable instalar termostatos programables y válvulas termostáticas en los radiadores para controlar mejor la temperatura en diferentes áreas de la vivienda, lo cual puede ayudar a optimizar el consumo de energía.

▮ Iluminación:

▮ Las bombillas incandescentes son poco eficientes en comparación con las opciones modernas como las bombillas LED. Se podría sugerir reemplazar todas las bombillas incandescentes por LED, lo que reduciría significativamente el consumo de energía para iluminación.

▮ Energía renovable:

▮ Se podría sugerir la instalación de paneles solares fotovoltaicos en el tejado de la vivienda para generar electricidad a partir de energía solar. Esto ayudaría a reducir la dependencia de la red eléctrica y a utilizar una fuente de energía renovable.

3. Campañas de comunicación sobre la eficiencia energética

Se entiende como campañas de comunicación un conjunto de medidas llevadas a cabo con el fin de dar a conocer a unos receptores determinados un mensaje o información. El mensaje puede ser variado, aunque en el caso que ocupa será todo lo relacionado con la eficiencia energética. Por supuesto, existen diversos tipos de campañas de comunicación, cada una con sus matices, cada una de las cuales será ideal para lograr ciertos objetivos. Se distinguen las siguientes.

3.1. Campañas informativas

Este tipo de campañas tienen por objetivo facilitar todo tipo de información básica o adicional a un receptor que suele ser un ciudadano, aunque también pueden ir dirigidas a técnicos. En este tipo de campaña es el receptor quien muestra interés por documentarse por el tema en cuestión, y la tarea de la campaña consistirá en proporcionársela con las mayores facilidades y adaptándose al perfil del solicitante. No se puede dar información específica y técnica, a un anciano al que solo preocupa reducir su factura mensual de electricidad, por ejemplo. Este tipo de campañas suelen estar dirigidas o, al menos, coordinadas por la Administración, a través de IDAE o bien ayuntamientos, universidad o comunidades autónomas, aunque podrá darse el caso en que se cooperase conjuntamente con una universidad o empresa de ámbito privado.

Para planificar correctamente la campaña y conocer qué información demandan ciudadanos y profesionales principalmente, lo ideal es nutrirse de información obtenida previamente al desarrollo de la campaña. Las herramientas para conocerla pueden ser encuestas, preguntas frecuentes en ayuntamientos y oficinas del consumidor, o quejas, dudas y sugerencias emitidas por profesionales del sector energético sobre algún tema específico, según el caso.

La información y participación de la ciudadanía en el tema de la certificación energética de edificios es una prioridad por parte de los organismos encargados de su redacción y difusión. Tanto es así que el Real Decreto 390/2021, de 1 de junio, por el que se aprueba el procedimiento básico para la certificación de la eficiencia energética de los edificios fue aprobado tras haber sido sometido su borrador a audiencia pública, en la que cualquier ciudadano español pudo tomar parte para así participar en la mejora de dicho documento. El Real Decreto citado transpone la Directiva 2018/844/UE que modifica la Directiva 2010/33/UE, derogando el anterior Real Decreto 235/2013.

Ejemplo

Una muestra de un modelo de campaña informativa valiéndose de herramientas del Estado y de la legislación fue el sometimiento a Audiencia Pública del presente Real Decreto se realizó mediante un anuncio en el BOE de la Secretaría de Estado, además de ponerse a la disposición de los sectores que se vieron afectados en la Sede Electrónica del ministerio competente, y fue aprobado según volvió a manifestar el BOE.

El **Boletín Oficial del Estado** es tradicionalmente la herramienta por excelencia a la hora de informar al ciudadano. No solo es un instrumento de utilidad, sino que también es una obligación para el gobierno y un derecho para el ciudadano el tener acceso a esa información, que a su vez le da un plazo de tiempo determinado legalmente tras su publicación para apelar o recurrir aquellos puntos que considere injustos. En él, como ya se ha dicho, se ha publicado el Real Decreto para la Certificación Energética de Edificios.

Este Real Decreto constituye en sí mismo una herramienta de comunicación para los usuarios y compradores de un edificio, pues exige la necesidad de un certificado de eficiencia energética en un edificio con valores a este respecto acompañados de otros de referencia para comparar. Así pueden valorar rápidamente en qué nivel de eficiencia se encuentra su edificio con facilidad. Así se promocionan y valorizan los edificios de alta eficiencia energética.

Por último, pero no menos importante, se ha creado un organismo informativo específico para informar a los interesados sobre cualquier aspecto relacionado con la eficiencia energética (y también con las energías renovables). Con la creación del **SICER, Servicio de Información al Ciudadano en Eficiencia Energética y Energías Renovables,** se presta al ciudadano una atención individualizada para resolver sus dudas y evitando su desplazamiento, pues si desea contactar con este servicio le bastará rellenar un formulario por internet con sus datos personales, o bien directamente escribiendo un *e-mail* a su correo web. En ambos casos, se le responderá en el menor tiempo posible. Además, está la posibilidad de contactar telefónicamente de 10 a 14 horas de lunes a viernes.

Las soluciones que recibirá el ciudadano a sus dudas particulares serán solo orientativas. Además, IDAE ha publicado un listado de preguntas frecuentes en su web para facilitar aún más las tareas de recopilación de información.

Ejemplo

Una campaña informativa que se vale de otros recursos para concienciar sobre la importancia de la eficiencia energética fueron las denominadas Jornadas de Presentación RITE 2007 (Reglamento de Instalaciones Térmicas de los Edificios). Dichas jornadas fueron coordinadas por el Ministerio de Industria a través del IDAE, las distintas comunidades autónomas y el Ministerio de Fomento. Gracias a este proyecto, se ha dado a conocer y difundido en qué consiste el RITE en todos los rincones del país mediante una serie de proyecciones donde se resaltaba la información de interés general y se establecían turnos de preguntas y dudas.

3.2. Campañas formativas

Persiguen formar específicamente a personal profesional y cualificado en el sector energético para poder ejercer una actividad (como consecuencia de cambios en la normativa, por ejemplo). Pueden ser de carácter voluntario u obligatorio. Pueden ser programadas tanto por entes públicos como empresas de formación privadas, como modelos mixtos. Los objetivos perseguidos por el curso los dictará la normativa entrante (como una nueva ley con cambios importantes) o lo demandado masivamente por los profesionales del sector energético (por ejemplo, el aprendizaje del manejo de un programa de certificación energética de edificios), según el caso.

Por supuesto, los formadores deberán ser profesionales habilitados para formar al respecto y deberán ser conocedores de los últimos avances y cambios legislativos del sector, y deberán nutrirse de material e información de última tecnología como norma general.

Como ejemplos de estas campañas, y demostrando que también vela por el sector empresarial de manera específica en el campo de la eficiencia energética en edificios, en lo relativo a eficiencia energética en las instalaciones térmicas, el IDAE ha añadido en su portal web una serie de guías, cuya redacción ha promovido, de carácter técnico para el ahorro y la eficiencia energética. Están especialmente diseñadas para proyectistas, mantenedores, instaladores, inspectores, pero también a usuarios de dichas instalaciones.

Se citan las guías sugeridas:

- Rendimiento medio estacional de calefacción. Parte Teórica. Guías IDAE 014.
- Medidas de Ahorro Energético en los Circuitos Hidráulicos. Guías IDAE 013.
- Puesta en marcha de instalaciones según RITE. Guías IDAE 009.
- Ahorro de energía mediante enfriamiento gratuito y recuperadores de calor con humectador adiabático en la extracción. Guías IDAE 008.
- Frecuencias horarias de repetición en temperatura. Intervalo 24 h. Guías IDAE 007:

  - Guía Técnica de Instalaciones de calefacción individual.
  - Guía técnica: mantenimiento de instalaciones térmicas.
  - Guía técnica: diseño y cálculo del aislamiento térmico de conducciones, aparatos y equipos.
  - Guía técnica: contabilización de consumos.
  - Comentarios RITE-2007. Reglamento de Instalaciones Térmicas en los Edificios.
  - Guía técnica: torres de refrigeración.

- Guía técnica: procedimientos para la determinación del rendimiento energético de plantas enfriadoras de agua y equipos autónomos de tratamiento de aire.
- Guía técnica: procedimiento de inspección periódica de eficiencia energética para calderas.
- Guía técnica Procedimientos y aspectos de la simulación de instalaciones térmicas en edificios.
- Guía técnica Ahorro y recuperación de energía en instalaciones de climatización.

- Guía técnica Selección de equipos de transporte de fluidos. Bombas y ventiladores.
- Guía técnica Diseño de centrales de calor eficientes.
- Guía técnica Condiciones climáticas exteriores de proyecto.
- Guía técnica Diseño de sistemas de intercambio geotérmico de circuito cerrado.
- Guía técnica Instalaciones de climatización por agua.
- Guía técnica Instalaciones de climatización con equipos autónomos.
- Guía Técnica Agua Caliente Sanitaria Central.

 Sabía que...

Las guías anteriores están disponibles para su consulta y descarga en la página web de IDAE en el apartado "Guías técnicas de ahorro y eficiencia energética en climatización".

Puedes acceder a su página web a través del siguiente enlace:

https://redirectoronline.com/mf11970101

 Actividades

4. Busque en Internet la Guía técnica Instalaciones de climatización con equipos autónomos. ¿A qué tipo de receptores se dirige?

Respecto a los **cursos formativos,** se precisa que sea cual sea su ente organizador y su contenido, deberá haber especificado una vez convocado el número de horas lectivas de las que constará, así como el horario semanal y diario, los requisitos técnicos de acceso, la sede en la que se realizará y el coste que conllevará su realización. También deberán especificarse temarios y objetivos perseguidos.

Ejemplo

Eficiencia Energética en Instalaciones de Iluminación

Profesorado: Agustín García García. Ingeniero de Energía y Minas por la UPM y Máster en Desarrollo Directivo por el IESE. Ingeniero consultor senior con más de 20 años de carrera profesional desarrollada en un amplio abanico de empresas privadas en las que ha ocupado puestos de dirección técnica, consultoría y gestión integrada.

Horas lectivas: 50 horas
Fechas: 24/04/2024 - 24/05/2024. Modalidad *online*.
Precios: 220 €. Bonificable para empresas a través de crédito FUNDAE.

Objetivos:

▌ Conocer los conceptos básicos necesarios para afrontar las mejoras en eficiencia energética en iluminación tanto en instalaciones interiores como de alumbrado público.
▌ Verificar el cumplimiento de la normativa en eficiencia energética aplicable tanto en iluminación interior como exterior.
▌ Conocer e identificar las diferentes tecnologías en sistemas de iluminación existentes en la actualidad.
▌ Identificar las oportunidades de mejora de ahorro energético en sistemas de iluminación.

Información:

Dirigido a estudiantes universitarios, licenciados, diplomados, máster, grados o técnicos vinculados al sector de la construcción o ingeniería, que tengan la necesidad de iniciarse o complementar sus conocimientos en herramientas, sistemas y procedimientos para mejorar la eficiencia energética de edificios e instalaciones en general. Certificado otorgado por el Instituto Superior del Medio Ambiente (para alumnos que superen los criterios de evaluación).

Aplicación práctica

La empresa de Formación Técnica: 'Enseñanzas Técnicas Úbeda', en convenio con la Junta de Andalucía e IDAE, va a desarrollar un curso sobre Aislamiento Térmico en Edificios de nueva Construcción para técnicos cualificados. Por ello, edita un cartel informativo con el siguiente contenido:

▮ Nombre del curso: 'Curso sobre Aislamiento Térmico en Nuevos Edificios'.
▮ Responsable: Juan González. Fechas: enero: 27-28.
▮ Horas lectivas: 18.
▮ Precio: 150 € (descuento para licenciados universitarios).
▮ Inscripción e información: admisión por orden de llegada de la solicitud, enviada al correo <cursoaislamiento@etu.es>.
▮ ¿Se trata de un documento informativo riguroso y adecuado? ¿Cuál supone que es el objetivo y perfil de alumnos que cree que se busca?

SOLUCIÓN

Aunque contiene algunos aspectos informativos útiles y válidos, en general este documento para ofertar el curso deja mucho que desear, por muy general y conciso que deba ser. Por muchos motivos. En primer lugar, se cita al responsable del curso, pero no se sabe si será quien imparta el curso ni su rango o titulación, que debería aparecer. Además, se dice los días y las horas totales de impartición, pero no se dice a qué hora exacta es cada día, lo cual puede disuadir a personas interesadas en el curso. En el precio, se comenta el precio general, pero no se cuantifica cuál es el descuento a licenciados, ni siquiera se dice cuál es el perfil mínimo de cualificación para ser admitido.

Siguiendo con más aspectos necesarios, es imprescindible un resumen explicando los contenidos con más detalle, o bien una enumeración de los objetivos perseguidos con el curso, o bien ambas cosas a la vez. Por último, aunque se da un correo electrónico, sería deseable también un teléfono en caso de dudas para facilitar la información al personal interesado.

Por último, siendo un curso de un tema tan específico como el aislamiento en edificios, y siendo el coste tan elevado, parece claro que el objetivo es una formación muy específica de técnicos en ese campo, y la gente interesada deben ser profesionales en dicho sector. De hecho, se manifiesta con los descuentos para licenciados universitarios.

3.3. Campañas de divulgación

Este modelo pretende informar sobre un asunto de forma no demasiado exhaustiva para un receptor que no es profesional ni gran conocedor del sector energético. Además estas campañas buscan al consumidor de energía, no esperan a que este acuda para informarse. Es un sistema muy distinto a los dos anteriores por ello mismo, sirviéndose generalmente de medios de comunicación para llegar masivamente a los receptores. Aunque la información suele ser general, se suele facilitar cómo poder acceder a información más detallada al respecto. Las generan y propagan la Administración Pública mediante diversas herramientas.

La información a difundir precisa de un riguroso estudio previo que conlleva campañas de estudios estadísticos de, por ejemplo, hábitos de consumo energético, de estado de equipos, planes de acción pasados, etc. También pueden resultar útiles encuestas e información comparativa de otros países o ciudades. Así se conocen los objetivos sobre los que actuar y se discute y elige el mensaje idóneo a difundir.

 Para saber más

Respecto a las campañas de concienciación se puede destacar la puesta en marcha por el MITECO en 2023: "Algo está cambiando". Con este lema el Ministerio, por medio del Instituto para la Diversificación y el Ahorro de la Energía (IDAE), lanza una campaña publicitaria que destaca la importancia de los hábitos cotidianos y del impulso común para seguir avanzando en la transformación de nuestro sistema energético.

Dicha campaña se ha desarrollado en soporte gráfico, audiovisual y digital. Su principal objetivo es concienciar a los ciudadanos respecto a los grandes beneficios que conlleva el apostar por el autoconsumo de energía, la rehabilitación y el ahorro energético en la vivienda o por la movilidad sostenible, tanto en la acción de la persona individual como del conjunto de la sociedad.

La campaña lleva la página www.algoestacambiando.es con información sobre autoconsumo, movilidad sostenible, rehabilitación y ahorro energético, con acceso a gran parte del material de la campaña. Accede al siguiente enlace para verlo.

Continúa en página siguiente >>

<< Viene de página anterior

https://redirectoronline.com/mf11970102

4. Ajuste entre necesidades y demandas

Identificada la necesidad de desarrollar campañas de diversa índole en torno a la promoción de un uso eficiente de la energía, el siguiente paso a conseguir es determinar cuáles son los asuntos o temas con los que se ha de trabajar, pues son una prioridad para el consumidor, un reto para el técnico y, a la vez, una obligación de difusión y formación por parte de los gobiernos. Estos temas, una vez determinados los prioritarios y más importantes, establecerán los objetivos a satisfacer con el desarrollo de las campañas, pues supondrán el equilibro entre demanda y oferta informativa/formativa.

¿Por qué es importante saber qué preocupa en los hogares sobre este tema? Los números hablan por sí solos: el consumo energético en edificios es un sector clave en el contexto energético actual, tanto a nivel nacional como desde el punto de vista europeo. En concreto:

- En 2020 el 19,5 % del consumo energético final proviene del consumo residencial.
- En 2020 en la hora punta del día de máxima demanda horaria del año, el sector residencial representó el 36 % de la demanda de electricidad en España, según el informe "El sistema eléctrico español" de Red Eléctrica Española de 2020.

Además, el consumo energético en España tiene una tendencia al alza año tras año, tal y como puede verse en la gráfica que se adjunta a continuación. Dicho factor viene explicado por el aumento de la población del país y del número de viviendas existentes, pero también ligado al mayor número de equipos y electrodomésticos presentes en cada hogar como consecuencia del estado de bienestar en el que la sociedad está sumida. De hecho, uno de los objetivos de los gobiernos europeos en tema de energía es desligar el crecimiento económico del aumento de consumo energético.

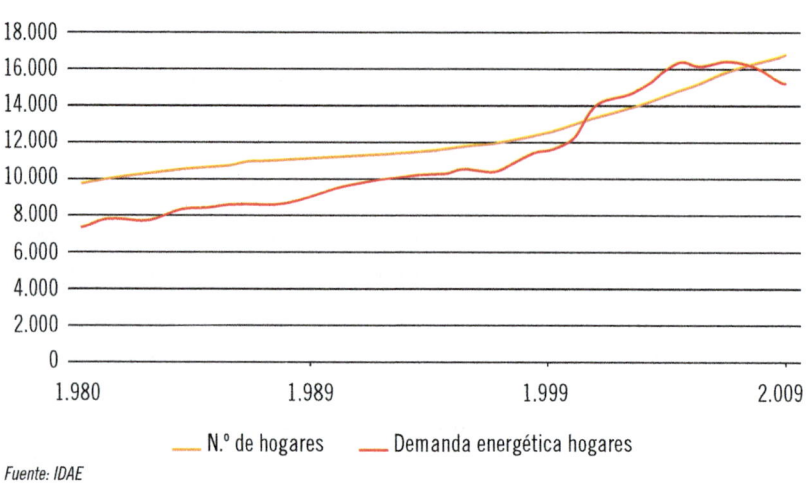

Tendencias del Consumo Energético (ktep) del Sector Residencial en España

— N.º de hogares — Demanda energética hogares

Fuente: IDAE

 **Nota**

El IDAE inició el 29 de marzo de 2021, el estudio SPAHOUSEC III (actualmente en desarrollo) dirigido al análisis del consumo energético de los hogares españoles. Este estudio, al igual que sus predecesores, dará respuesta a los requerimientos estadísticos establecidos en el Reglamento (UE) 2019/2146 de la Comisión, por el cual se insta a los Estados miembros a disponer de información desagregada sobre consumos por usos en el sector residencial.

Acabaría de fijarse un primer objetivo para estas campañas. Sería aportar datos consistentes que demuestren que para que la sociedad siga creciendo y prosperando no es un buen indicador el aumento del gasto energético año tras año, sino todo lo contrario, hay que luchar por reducirlo, sin que por ello suponga una pérdida de poder adquisitivo en la economía familiar.

Por ello mismo, ante el aumento del poder adquisitivo de familias y hogares, se hace cada vez más palpable la necesidad de un adecuado proceso de planificación energético a nivel nacional. Dicha planificación se articula en torno a tres pilares básicos importantísimos:

- Planificación de Ahorro y Eficiencia Energética.
- Planes de Energías Renovables.
- Planes para los Sectores de Electricidad y Gas.

Se acabaría de fijar otro objetivo: reducir el consumo energético poniendo a disposición del usuario herramientas de planificación en hogares y empresas para un uso racional y óptimo de la energía. ¿Cómo pueden sentirse atraídos a usarlas? Vinculando dicha planificación de forma automática a un ahorro económico, buscando las herramientas y medios adecuados para difundir dicho mensaje.

 **Actividades**

5. ¿A qué cree que puede deberse la caída de la demanda energética en hogares que muestra la gráfica a partir de 2008?

Otros objetivos perseguidos por las campañas a desarrollar es buscar una actitud positiva de la población hacia el presente y futuro de las energías renovables y tecnologías no contaminantes, o hacerlos conocedores de la importancia de renovar electrodomésticos y equipos antiguos de elevado consumo.

Otro campo de actuación serían los niños, de los que se sabe que, si se les forma en los ámbitos de sostenibilidad y eficiencia, adquirirán valores de cara al futuro e incluso influirán positivamente en la actitud de sus padres al respecto. Por tanto, concienciar y formar al sector infantil debe ser en sí un objetivo de las campañas presentes y futuras.

Con la aplicación de campañas que fomenten lo anterior más la correcta formulación de políticas energéticas y medioambientales en España, la eficiencia energética en edificios debería recibir un espaldarazo definitivo en la consecución de los objetivos citados. Y es que se trata de un sector prioritario según se puede deducir como consecuencia del incremento presupuestario que ya se dedicó a esta partida por parte del Plan de Acción 2008-2012.

Por último, se pretende que el tema de la eficiencia energética esté cada vez más presente en el día a día de hogares y empresas, por lo que se buscará que toda persona sea conocedora de los términos básicos relativos a este campo para que la información futura que reciba pueda asimilarla y emitir una opinión al respecto. No es necesario que se sepa tanto como un técnico, pero sí conocer conceptos de real interés.

Por ejemplo, actualmente se comete el error de considerar sinónimos (o directamente a desconocerse) dos conceptos que tienden a confundirse desde el punto de vista del ciudadano, y que son totalmente distintos en su definición: eficiencia e intensidad energética.

 Definición

Eficiencia energética
Concepto que tiene por objetivo disminuir el consumo energético necesario para realizar o conseguir el mismo objetivo final.

Intensidad energética
Cociente entre el consumo energético de un país y su PIB (Producto Interior Bruto). Es, por tanto, un indicador de la eficiencia energética. Serían las unidades de energía para producir una unidad de riqueza.

Respecto a la **intensidad energética,** un valor de esta alto indicaría que se necesita consumir mucha energía para producir una unidad de riqueza, lo cual es ineficiente, y viceversa. Y si la intensidad es alta, el número de combustibles fósiles a importar también es alto, perjudicando a toda la población. Por tanto, lo deseable siempre es una intensidad energética baja, lo cual implica una **eficiencia energética** alta.

Una campaña informativa que aclarara dichos conceptos resultaría de interés para el ciudadano si se logra vincular la importancia de su comprensión a la hora, por ejemplo, de adquirir una vivienda, especialmente con la llegada del Real Decreto 390/2021 para la Certificación Energética de Edificios.

 Actividades

6. Busque la intensidad energética española y compárela con el resto de los países de Europa. ¿Qué conclusiones puede establecer?

 Aplicación práctica

En unos cursos formativos promovidos por IDAE para escolares se pide razonar cuál de los siguientes países es el que mayor eficiencia energética tiene. Para ello, se da una lista de cinco países latinoamericanos con diversos datos estadísticos de 1990, entre los que existe una columna que ofrece cifras medidas en Kep/miles de dólares del PIB. Los datos para este indicador son:

▪ Argentina: 6,2
▪ Venezuela: 9,8
▪ Paraguay: 5,2
▪ México: 5,9
▪ Chile: 6,1

Continúa en página siguiente >>

<< Viene de página anterior

La mitad de los alumnos dicen que el país más eficiente energéticamente es Venezuela, y la otra mitad Paraguay. ¿Quién tiene razón?

SOLUCIÓN

En primer lugar, ha de decirse que estos datos deben tomarse con precaución para establecer comparaciones, pues no se conoce información extra, como por ejemplo la evolución de las tecnologías aplicadas en la producción y en los servicios. Pero con estos datos sobre la mesa lo que se está dando es la intensidad energética, que es un indicador de la eficiencia energética. Lo que ocurre es que este indicador es inversamente proporcional a dicha eficiencia. Es decir, a más intensidad menor eficiencia. Esto se entiende mejor viendo que la fórmula es energía consumida dividida entre el PIB nacional. Por tanto, el país con menor intensidad energética, en este caso Paraguay, será el que tenga un mayor valor de eficiencia energética. Los jóvenes que eligieron Venezuela estaban equivocados.

5. Planes de formación

Con los sucesivos cambios en materia de legislación y regulación en todo lo concerniente a certificación energética en general, y a eficiencia energética más en particular, en instalaciones y edificios se ha hecho latente la necesidad de formar a los técnicos para hacerlos conocedores de los cambios a la hora de actuar, para que puedan aplicar de forma efectiva dichos cambios a su ámbito de trabajo.

Y es que la implantación del Código Técnico de Edificación, junto con los diversos Planes de Acción de Ahorro y Eficiencia Energética, han implicado grandes cambios que persiguen, entre otros muchos objetivos, un ahorro energético que permita un desarrollo sostenible de la sociedad española. También, como se ha ido viendo, Europa ha actuado como motor en estos aspectos, y se han ido aprobado numerosos reales decretos para trasponer las directivas comunitarias. De todo ello deriva la importancia de crear y promover planes de formación en materia energética en la sociedad española, creando profesionales aptos para trabajar de acuerdo a las nuevas exigencias de calidad, seguridad y legislación.

Pero estos cambios legislativos y de prioridades no solo deben afectar a técnicos del sector, sino que para que se implanten correctamente deben inculcarse plenamente en la sociedad. Por tanto, los planes de formación deben también crearse pensando en una segunda vertiente exactamente igual de importante pero con distintas inquietudes, el ciudadano de a pie.

El **plan de formación** es el instrumento para estructurar las distintas acciones formativas. Sirve para que sus destinatarios adquieran los conocimientos y actitudes para los que se diseñó el plan, así como el desarrollo de habilidades y destrezas que contribuyen a que la entidad cuente con buenos profesionales integrados en un proyecto común, y esto se traduzca en el ofrecimiento de unos servicios de calidad.

Como características de cualquier plan de formación, deberán figurar su carácter proactivo (anticipándose a las necesidades que irán surgiendo en el tiempo) y la flexibilidad (corrigiéndose o introduciéndose acciones no previstas como consecuencia de nuevas situaciones que surjan en el tiempo).

A la hora de desarrollar un plan de formación, habrá de seguirse una serie de pasos o directrices para lograr una exitosa implementación y diseño. En primer lugar, habrá de elegirse el personal idóneo al que se encomendará la tarea. A continuación, se identificarán las necesidades para poder establecer después los objetivos perseguidos, y es ya con dichos objetivos formulados cuando se decidirán las acciones formativas a emprender.

Determinado lo que ha de hacerse, lo siguiente es crear las estrategias que definan cómo hacerlo. Esta tarea es realmente importante, pues una vez hecho podrá llevarse el plan a la práctica, iniciándose el proceso o tarea de seguimiento.

Por último, acabado el plan de formación, tendrá que realizarse su evaluación final para ver si se han logrado los objetivos perseguidos y ver qué nuevas acciones serán necesarias en el futuro.

5.1. Medios de divulgación

Las formas en las que se va a transmitir la información pretendida por los distintos planes de formación, tanto a profesionales como a ciudadanos, en general son variadas, y cada una es idónea en función de los objetivos pretendidos y del receptor buscado. Dichos métodos son conocidos como los medios de divulgación, y destacan los que siguen.

Publicidad en sus distintas vertientes

Es un medio muy eficaz para realizar campañas de divulgación dirigidas a ciudadanos que no tienen predisposición a buscar información en el campo de la eficiencia energética, sea cual sea el motivo. El éxito de la publicidad dependerá del momento (franja horaria) escogido para su reproducción, del mensaje que se transmita y de las herramientas que se usan para aumentar en lo posible el interés del receptor, el cual no ha sintonizado la radio, televisión, revista o página web para recibir dicha publicidad, por lo que habrá que ser creativo para captar su atención. Por supuesto, el enfoque es totalmente opuesto según el medio escogido (televisión, radio, prensa escrita, internet...), y se especificará con más detalle en el apartado siguiente. Bien orientada puede lograr también la atención de un sector muy peculiar, el infantil.

Cursos formativos para profesionales

Se trata de unos cursos presenciales, semipresenciales u *online* en los que, tras un proceso previo de inscripción, se admite a un número concreto de alumnos que tendrán que satisfacer ciertos objetivos para obtener el certificado que acredite haberlo superado, aunque a veces, en cursos presenciales, dicho certificado sencillamente acredita su asistencia sin más. Van dirigidos a profesionales, por lo que los contenidos son específicos.

Como ejemplo de cursos para profesionales destacan los pertenecientes al **Plan de formación certificación energética edificios,** desarrollado por IDEA. Este adquirió el compromiso de publicar los procedimientos de Certificación Energética de Edificios Existentes (CE3X y CE3), que aplicasen la metodología oficial de cálculo. Para dar soporte a los futuros técnicos certificadores encargados de la certificación energética de los edificios existentes, el IDAE está desarrollando un Plan de Formación orientado al manejo de estos programas informáticos. A través de los consejos de colegios profesionales que agrupan a los principales agentes encargados de la certificación energética de edificios, el IDEA organizó cursos de formación de formadores en los que participaron 260 alumnos, con objeto de desarrollar planes de formación específicos a través de cada colegio. Además de los cursos a formadores, se estima que el Plan de Formación impartió otros 300 cursos, que llegaron a 6.000 profesionales a lo largo de 2013.

Inicio · Conózcanos · Proyectos de excelencia · Plan de formación Certificación Energética Edificios

PLAN DE FORMACIÓN CERTIFICACIÓN ENERGÉTICA EDIFICIOS

Proyectos de excelencia. Asistencia técnica y gestión de programas públicos

Cartel de Cursos Plan de Formación, donde se resalta la temática y las entidades encargadas de su elaboración y seguimiento. (Fuente: IDAE)

Los cursos son meramente formativos, y si se cuenta con la titulación adecuada no son imprescindibles para poder realizar la certificación energética de un edificio.

Juegos educativos (especialmente vía internet)

Están enfocados esencialmente a un público infantil o adolescente, y básicamente consisten en encubrir contenido educativo, en este caso relativo al ahorro energético, enmascarándolo dentro de un argumento desenfadado y ocioso de un juego de mesa o de ordenador. Con los avances tecnológicos, la segunda opción es prácticamente la única viable a día de hoy, quedando la primera prácticamente en desuso, sobre todo por la afición de los jóvenes por las nuevas tecnologías.

Bibliotecas virtuales

En ellas se ponen, para descarga gratuita a través de internet, libros y guías a disposición del ciudadano, que no tiene que desplazarse y puede tomarse el tiempo que desee en asimilarla. Es un sistema apto tanto para profesionales como para ciudadanos, pero suele precisar de otros modelos paralelos informativos para darse a conocer públicamente (publicidad convencional generalmente).

A modo de ejemplo de este modelo, IDAE ha coordinado la creación del portal web **'Aprende cómo ahorrar energía',** para la formación no reglada de cualquier usuario interesado. Los detalles se verán en el siguiente apartado.

Cursos formativos para usuarios no cualificados en el sector

Se trata del mismo caso que los cursos para usuarios cualificados, solo que aquí el contenido es más general, menos técnico, pues el objetivo no es formar a expertos, sino aumentar el conocimiento de gente no cualificada pero que está interesada y se ha inscrito o ha acudido por su propia voluntad al curso. Esto es muy importante porque implica una alta predisposición por parte del receptor, y lo que se debe hacer es satisfacer sus expectativas solucionando sus dudas o aportándole la información solicitada.

Quizás el ejemplo más palpable sea el aula digital creada por IDAE para la formación a través de la red (conocida como *e-learning).* El portal pretende fomentar el ahorro de energía tanto en viviendas como en el lugar de trabajo y también en el transporte, y recibe el nombre de 'Aprende cómo ahorrar energía'.

Actividades

7. Acceda al Aula Digital de IDEA y localice cursos relacionados, por ejemplo, con el autoconsumo.

De entre la multitud de cursos disponibles pueden citarse, por ejemplo, los siguientes:

- Curso básico de certificación energética de edificios existentes.
- Ahorra energía con tus electrodomésticos.
- Uso eficiente del coche.

 **Sabía que...**

Acceder al aula es tan sencillo como entrar en la página web:

<https://redirectoronline.com/mf11910103>.

Los cursos son de nivel básico, por lo que no poseen tecnicismos, sino un lenguaje sencillo comprensible por todos. Cada curso tiene una duración próxima a las 2 o 3 horas. El material de trabajo será multimedia, aunque se facilitará la descarga en pdf para poder leerse de un modo más confortable.

Programas culturales

Son una forma de aunar ocio con concienciación en eficiencia energética. Se dedica parte o la totalidad de un programa televisivo o de radio al tema en cuestión, pero dosificando la información, haciéndola interactiva y amena, porque quien ve el programa no busca sentirse abrumado por la información. Premiar a los concursantes puede provocar un efecto positivo y de complicidad del receptor hacia el tema de la eficiencia energética, y los estrategas de este tipo de planes y campañas deben planificarlas con sumo cuidado: un exceso de la parte de ocio provocaría no difundir el mensaje y un exceso de la parte divulgativa podría provocar hastío y animadversión por parte del destinatario.

Carteles y folletos informativos

Son uno de los sistemas más tradicionales, y están dirigidos por lo general a un público no cualificado al que se quiere transmitir una información básica pero de gran importancia, de ahí la importancia de escoger un texto que la resuma breve y adecuadamente. Se detallarán plenamente en apartados posteriores 'Folletos y otros sistemas de difusión'.

Atención personalizada

Este sistema consiste en facilitar teléfonos de información o correos electrónicos para consultas disponibles de forma gratuita para la consulta de cualquier ciudadano. Es una medida que requiere previa predisposición por parte del ciudadano, que es quien tiene que contactar a través de uno de los medios disponibles. Hay otras variantes como poner kioscos informativos en lugares estratégicos como centros comerciales, ayuntamientos, etc. donde se puede interactuar de forma más cálida y cercana con la persona que proporciona la información.

De todos los medios de divulgación vistos anteriormente, el vigente **Plan Nacional Integrado de Energía y Clima 2021-2030** toma y considera a todos y cada uno de los citados como herramientas aptas y válidas de difusión informativa y formativa. Esto queda patente cuando procede a establecer tres vías para llegar al ciudadano: publicidad convencional (anuncios y cuñas publicitarias en TV, radio e internet), publicidad no convencional (actos públicos y *shows* en la calle y centros comerciales) y la creación de programas culturales y documentales divulgativos con mensajes relativos al ahorro energético. Estas tres vías albergan todos los medios detallados previamente.

A continuación, se seguirá desarrollando el tema de cursos y sesiones informativas de un modo más específico, pues hasta ahora solo se han dado unas pinceladas, tanto de carácter técnico como de información al ciudadano.

Actividades

8. Tras lo leído, ¿por qué cree que es necesario orientar ciertos planes de formación relativos al sector energético a niños y adolescentes?

6. Especificaciones de cursos y sesiones informativas

En el apartado anterior ya ha quedado manifestada la existencia de planes de formación en materia de eficiencia y ahorro energético, así como los medios empleados para llevarlos a cabo. El objetivo ahora es detallar con más precisión en qué consisten los medios citados, cuáles son sus ventajas e inconvenientes, y cuándo resultaría conveniente su aplicación.

6.1. Publicidad

Se ha explicado que la publicidad es un medio de difusión divulgativa y capta la atención de personas que no habían demandado en un principio información relativa al tema de la eficiencia energética. Se ha de ser consciente también de que, siendo quizás el sistema con más receptores potenciales, poseerá desafortunadamente un porcentaje de éxito relativamente bajo para captar la atención del destinatario. Hay diversos tipos de medios para efectuar campañas publicitarias:

- Televisión.
- Radio.
- Prensa escrita y revistas.
- Internet.
- Otros.

Cada cual tiene sus características peculiares, que afectarán al manejo y contenidos informativos, pero esto forma parte del siguiente apartado.

Como patrón general, las **ventajas** de la publicidad en función del medio son:

1. El mensaje llega a un número masivo de receptores instantáneamente.
2. El destinatario recibe la información en su casa.
3. Aunque los mensajes publicitarios son cortos, se suele decir cómo puede complementarse posteriormente.
4. Pueden seleccionarse las franjas horarias a las que emitir en TV y radio, afectando al público objeto de la campaña.
5. Al disponerse de efectos gráficos y sonoros, puede ser una buena alternativa para captar la atención del sector infantil.

Entre los **inconvenientes** más significativos, están:

1. No hay interactividad por parte del receptor. Por tanto, no puede eliminar la parte que no le interesa ni profundizar en la que más le afecta.
2. Interrumpen la acción (por ejemplo, su programa favorito) del receptor, pudiendo generar malestar o animadversión.
3. Es difícil captar la atención mediante publicidad.
4. La publicidad en los medios suele ser costosa en su financiación.
5. Obviamente, se requiere que el destinatario disponga de TV, ordenador, radio o lea la prensa.

En cuanto a las **ventajas** del uso de internet y las redes sociales, cabe destacar las siguientes:

- Internet y las redes sociales tienen una gran cantidad de usuarios activos en todo el mundo, lo que te brinda la oportunidad de hacer llegar el mensaje publicitario a una audiencia global.
- Las redes sociales permiten dirigir los anuncios a audiencias específicas según datos demográficos, intereses y comportamientos en línea. Esto aumenta la efectividad de la publicidad al mostrar los anuncios a las personas más propensas a estar interesadas.
- Las plataformas de redes sociales ofrecen herramientas de análisis que ayudan a realizar un seguimiento del rendimiento de los anuncios publicitarios. Se puede analizar el alcance y la participación. Esta información ayuda a entender qué estrategias son efectivas y a ajustar las campañas publicitarias en consecuencia para obtener mejores resultados.

Como **inconvenientes,** los más relevantes son:

- Dada la gran cantidad de campañas publicitarias de distinta índole en las redes sociales se produce una saturación. Esto puede llevar a que los usuarios ignoren los anuncios o incluso bloqueen la publicidad, lo que reduce la efectividad de las campañas.
- Las plataformas de redes sociales están constantemente actualizando y ajustando sus algoritmos, lo que puede afectar la visibilidad los anuncios publicitarios. Cambios repentinos en los algoritmos pueden reducir el alcance de las campañas publicitarias.
- Debido al aumento de la desinformación y los engaños en línea, los usuarios pueden volverse cada vez más escépticos hacia la publicidad en internet. Esto hace que este medio pueda perder eficacia a la hora de realizar una campaña publicitaria.

6.2. Cursos formativos para profesionales

Para los trabajadores cualificados del sector energético y de edificación, la formación más común es mediante cursos de carácter técnico y exhaustivo. Pueden encontrarse diversos tipos de estos cursos en función del temario, duración, ubicación, etc. La duración de estos es generalmente extensa, aunque también variable (desde unos pocos días hasta varios meses). Pueden ser presenciales u *online.*

Resumiendo las principales **ventajas,** se tienen:

1. Forman al técnico en el área específica en la que quiere documentarse.
2. No son obligatorios, solo los recibe quien está interesado.
3. Existe el modelo *online* para personas con poca flexibilidad de horarios.
4. Suelen estar parcialmente subvencionados por la Administración.
5. Permiten gran interactividad entre profesorado y alumnado, que puede exponer dudas y preguntas. En la modalidad *online* las preguntas se hacen mediante el soporte informático de la aplicación.
6. Los cursos *online* no tienen por qué tener cupos máximos de admisión.

Como **inconvenientes:**

1. Los cursos presenciales presentan rigidez de horarios.
2. Generalmente su impartición supone un coste para el alumnado, aunque estén subvencionados.
3. Los cursos *online* tienen, a veces, mayores dificultades para la transmisión de las ideas. El docente es menos consciente de la formación real del alumnado.
4. Alumnado limitado en cursos presenciales, pues un exceso de alumnos ralentiza y dificulta el aprendizaje.

 Ejemplo

Los cursos sobre Certificación Energética de Edificios son cursos de entre 12 y 25 horas totales y duran varios días. Su coste varía sensiblemente en función de las horas lectivas. Normalmente, la inscripción de alumnos es online y la admisión por riguroso orden de recepción de solicitudes.

6.3. Juegos educativos

Destinados casi exclusivamente al colectivo adolescente o infantil, este modelo es realmente creativo y está en pleno desarrollo. Se 'educa' desde el hogar. Requieren la presencia de un PC con conexión a internet y un manejo elemental de informática (algo no tan obvio, pues en parte se trata de niños). Como ventajas es que cada cual puede dedicar el tiempo que quiera, que a la vez que se aprende el menor se está divirtiendo y que en teoría no sería necesaria la presencia de un adulto, pues el juego debe ser elemental e intuitivo.

Los problemas derivados de este sistema se basan en que se puede dar un uso solo lúdico del juego, omitiendo el menor toda referencia didáctica o minimizando su utilidad. Además, no favorece en nada la comunicación con otros usuarios y no existe profesorado que explique ni aclare dudas. La productividad en materia de divulgación es limitada, pero los conocimientos adquiridos tienen tendencia a perdurar en el tiempo y a desarrollar valores de cara al futuro. Además, habrá que publicitar con otros medios el juego para que se sepa de su existencia, pues será el receptor quien tenga que buscarlo en internet.

Ejemplo

El portal de la Comisión Europea ha publicado en su web Juegos *online* y materiales sobre cambio climático "Change". Su objetivo es atraer a los menores a la concienciación sobre el cambio climático. Se realizan una serie de preguntas tipo test y se irá avanzando. Es un método eficiente para captar la atención infantil.

Existe además la versión en la que los adultos también pueden jugar. Las preguntas se adaptan a los niveles de edad correspondientes.

https://redirectoronline.com/mf11910104

Por supuesto este juego es solo un ejemplo, podrían crearse otros abarcando otros sectores, como por ejemplo una casa en la que se diera un presupuesto semanal y una inversión inicial, y habría que renovar los electrodomésticos para que su consumo no fuera excesivo, y con ello la factura eléctrica. Sería un juego para concienciar sobre la necesidad de mejorar la eficiencia energética en el hogar, y es solo un ejemplo de las múltiples aplicaciones que se pueden crear en un campo emergente y con mucho por explotar.

6.4. Bibliotecas virtuales

El poner una cantidad extensa de dosieres informativos a disposición del usuario para su descarga gratuita y su lectura en casa es un enorme avance de la sociedad. Este método permite flexibilidad en los plazos para leer el documento y libertad absoluta para elegir temas y contenidos que susciten su interés. Además, el coste de este sistema es relativamente bajo, pues los costes vienen derivados de la creación y mantenimiento del portal multimedia de descarga. Habrá por supuesto que publicitar la plataforma para que se tenga conciencia de su existencia, y es un sistema muy válido tanto para profesionales como para el ciudadano corriente. Requiere PC con conexión a internet y conocimientos básicos de informática.

Los problemas de este sistema son comunes a los medios *online:* no hay cooperación ni relaciones entre alumnado, no hay un profesorado o expertos a los que exponer dudas. Por el contrario, siempre se puede recurrir al SICER para recibir asesoría en materia energética y resolver dudas. Otro problema es que el lector puede sacar conclusiones erróneas de las lecturas o leer material desfasado, por lo que la biblioteca requiere un mantenimiento exhaustivo y una revisión continua de su contenido.

6.5. Cursos formativos para el ciudadano

Comparte ventajas e inconvenientes con los cursos para profesionales. Las principales diferencias entre ambos las marcan los contenidos (que se verá después) y el perfil al que se dirige cada uno. Eso sí, los cursos formativos en este caso suelen ser por término medio de más corta duración (no suelen extenderse en más de un día) y gratuitos, pues buscan informar más que formar. Suelen ser además más interactivos que teóricos y, por supuesto, en ambos casos, solo acudirá gente realmente interesada en los temas a tratar, por lo que la predisposición a aprender es máxima.

Una variante del curso formativo, con ciertas peculiaridades, y que resulta de especial interés son las **sesiones informativas,** orientadas especialmente para el ciudadano no profesional. Son una herramienta ideal para él, pues su duración es escasa, son de carácter gratuito y se favorece la comunicación directa entre ponente y asistentes, con turnos de preguntas y un trato cercano, cálido y familiar. Si además se reparten folletos u otros elementos divulgativos e informativos, el efecto de concienciación aumenta significativamente. Como se ve, este sistema se sirve de otros para su realización, tomando de estos sus ventajas e inconvenientes.

6.6. Programas culturales

Este formato goza de amplia tradición en los sectores televisivo y de radio, donde tanto organismos públicos como empresas privadas que apuestan por la eficiencia energética han optado por promocionar y difundir su mensaje a través de secciones de programas culturales y de ocio, en horarios estratégicos para alcanzar a sus receptores prioritarios. Están dirigidos a familias y personas no expertas en el tema energético, y el propósito principal es concienciar sobre los beneficios a nivel familiar del ahorro energético, aunque por supuesto en empresas privadas el objetivo sea también y en mayor medida la venta de sus productos promocionados para la obtención del mayor beneficio económico posible.

 Ejemplo

A ese respecto se recuerda la participación de cierta marca comercial promocionando sus lámparas de bajo consumo dentro de programas de televisión.

Entre las **ventajas** de este sistema, se tienen:

1. Se divulga una información que, según el programa o concurso, puede captar toda la familia.
2. Se aúna diversión con formación e información general energética.
3. No es 'molesta' para el receptor, como puede ser la publicidad.
4. Se vincula o asocia la eficiencia energética con personajes del mundo del espectáculo (locutores, presentadores) que tienen autoridad e influencia sobre el destinatario, aumentando el calado del mensaje.
5. La información se recibe desde casa, y no surge aleatoriamente como la publicidad, sino que sigue horarios fijados.

Posee algunos **inconvenientes,** como:

1. No hay interacción activa parlante-receptor, por lo que no se pueden responder dudas concretas.
2. El ciudadano no puede elegir qué contenidos le interesan cada día, ni seleccionar la duración de la formación.
3. Puede resultar un espacio del programa repetitivo si no se planifica muy concienzudamente.
4. El coste de esta campaña tiende a resultar medio-alto.

6.7. Folletos y carteles

A grandes rasgos, son documentos concebidos y presentados tradicionalmente en formato papel (aunque pueden difundirse por internet en formato digital). Cada cartel consiste en un único papel de tamaño variable a una sola cara, mientras que el folleto tiene generalmente una mayor extensión escrita en papel, variando desde una cara a unas pocas hojas, pero su tamaño es más reducido para ser más manejable y fácil de guardar.

6.8. Atención personalizada

Este modelo cuenta como característica principal que el sujeto, ya sea por puesto informativo, por teléfono o por correo electrónico, recibe una atención individual, directa y personalizada, escuchando solo la información que le interesa (es decir, las respuestas a sus preguntas), tomándose el tiempo que sea necesario para interactuar con el expositor. Este sistema es apto para ciudadanos no cualificados como técnicos, siempre que se contacte con el servicio adecuado. Por tanto, deberá haber al otro lado del teléfono o del expositor una persona altamente formada y cualificada para asesorar e informar debidamente. En concreto, las vitrinas informativas y la atención telefónica son un método especialmente indicado para personas mayores o gente sin acceso a internet o con poca flexibilidad horaria, pues es la persona interesada quien elige el momento y la forma de informarse.

Los inconvenientes derivados de este sistema vienen referidos a saturación generalmente: colapso de la centralita telefónica que provoca dificultades o imposibilidad de contactar telefónicamente, grandes colas en las vitrinas de información de puestos en centros comerciales, o tiempos de respuesta a correos electrónicos demasiado largos. Esto debe y puede corregirse con una adecuada planificación de la campaña, haciendo un estudio estimativo de la acogida del programa.

 **Recuerde**

No existe un único medio para lograr el éxito en una campaña de promoción de la eficiencia energética. A veces lo ideal y efectivo es aplicar varios.

 **Aplicación práctica**

Un ama de casa encargada de la gestión de la economía familiar, formada por un matrimonio con tres hijos, se encuentra preocupada por la factura eléctrica mensual, la cual no solo no logra moderar, sino que incluso se incrementa ligeramente mes a mes. Debido a su poco tiempo disponible y a su imposibilidad de desplazarse, no sabe qué

Continúa en página siguiente >>

<< Viene de página anterior

medio emplear para informarse sobre cómo optimizar el gasto energético en su hogar. Desearía también que la opción fuera interactiva con otros usuarios. Sus conocimientos técnicos energéticos son básicos, pero es usuaria habitual de internet. ¿Qué opción sería la más recomendable para el citado perfil?

SOLUCIÓN

Las opciones en principio son amplias, pero se ven acotadas por las exigencias y limitaciones propuestas. Como quiere una aplicación interactiva con otros usuarios y con participación activa, se descartan folletos, bibliotecas digitales e información por internet (o, al menos, estas soluciones serían solo complementarias a la principal). No puede desplazarse, por lo que no podrá asistir a cursos presenciales. Tampoco tiene un perfil técnico, por lo que no será un curso avanzado. La atención personalizada podría ser una opción válida dado su perfil, pero ya que le gustaría tener contacto con otros compañeros con las mismas dudas, quizás lo idóneo sea realizar un curso formativo de nivel básico, online, sobre el ahorro energético. Los hay de duración variable, cada cual puede dedicarle el tiempo y las horas del día que quiera, hay foros de contacto entre alumnos y un tutor que se encarga de la formación, además del temario en soporte digital o en formato papel.

7. Organización de sesiones y cursos

Hasta ahora se ha hablado de los distintos medios de divulgación, información y formación existentes para fomentar la eficiencia energética en la sociedad, enumerándose, definiéndose, comentando sus ventajas e inconvenientes, perfil de destinatarios y campos de aplicación. El siguiente paso es agrupar dichas alternativas en función de la forma en la que ha de tratarse la información y en los medios o recursos necesarios para su correcta aplicación.

Sobre el **tratamiento y contenidos** de los que debe constar la información cada medio de divulgación tiene sus peculiaridades, aunque también pueden encontrarse similitudes entre ellos. Así, tanto la atención personalizada como los cursos formativos (para profesionales o no) requieren el trabajo de técnicos que dominen plenamente el tema energético, con aptitudes y vocación para la docencia y la oratoria. El intercambio de información en estos casos entre informador y destinatario es fluido y dinámico. La información proporcionada debe ser concisa y absolutamente clara: debe responder la pregunta formulada, sin rodeos de ningún tipo. Además, en los cursos de formación, aparte de la respuesta de dudas, hay una importante componente teórica y práctica, por lo que se debe disponer un temario debidamente estructurado y que se siga fielmente, que además debe contener la información necesaria para resolver, de haberlos, los casos prácticos.

Por supuesto, en cuanto al **contenido** de los temarios, será mucho más exigente el dirigido a técnicos, que van a ser formados en un ámbito específico, que al ciudadano, que acude para ser informado de un modo más general y práctico.

Respecto a los **recursos y equipos necesarios** en estas tipologías de divulgación, la atención personalizada no requiere prácticamente material de ningún tipo: se responden llamadas o correos electrónicos, y a lo sumo se adjunta información multimedia o guías en páginas web, pero sin documentación física. En los expositores informativos, en cambio, sí es necesario ofrecer folletos gratuitamente al ciudadano para reforzar la información que se ha preguntado presencialmente.

Totalmente diferente es lo necesario para **cursos presenciales** de formación, que requerirán generalmente multitud de soporte en papel (libros, manuales, folletos…), además de proyectores de diapositivas, pantallas y en muchos casos aulas informáticas y equipos de *software* específico. Evidentemente, estos cursos requieren de un gran presupuesto para su impartición. Los **cursos formativos** *online* no requieren todos estos equipos, aunque sí pueden requerir *software* informático (especialmente los cursos para profesionales) y entrega de libros y guías en formato digital.

La **publicidad,** por su parte, no se sirve de material físico para producir su efecto divulgativo, pues se transmite por vía visual (escrita, paneles publicitarios), oral (radio) o ambas a la vez (TV e internet). Lo que sí requiere es una inversión en *marketing* y herramientas de diseño. Por tanto, no se ha de dotar de herramientas al receptor. La información a manejar en este campo merece por ello un tratamiento enormemente particular. Se pretende difundir un mensaje breve, que cause impacto e incite al receptor a no olvidarlo fácilmente y a buscar más información al respecto. Las claves varían en función de los distintos medios de comunicación empleados, pero el trasfondo siempre es el mismo. El mensaje debe ser siempre en tono informal, sin tecnicismos, inmediatamente compresible y sin ambigüedades.

Las **bibliotecas virtuales** comparten con la formación *online* que no requieren en principio material didáctico en formato material, sino que se proporciona toda la documentación escrita en soporte informático, aunque siempre puede imprimirse, especialmente si dicha documentación es muy extensa. También puede presentarse el contenido, siempre en soporte informático, a modo de diapositivas, que provoca un mayor efecto en el destinatario y permite ver gráficamente lo que se está defendiendo con palabras. Sobre la información, debe ser amplia, no concreta como la atención personalizada, pues no se responden las dudas de inmediato, el lector ha de buscar lo que quiere y la plataforma debe facilitarle lo máximo posible dicha búsqueda.

Por último, **juegos educativos y programas culturales** comparten como tónica común el doble fin de divertir a la vez que se fomenta la eficiencia energética. La información a manejar, por tanto, debe ser moderada, no exhaustiva, solo exponiendo ideas principales para que el destinatario retenga en su memoria. Además, el formato ha de ser ameno e interactivo, fomentando su participación. La realización de preguntas con un abanico de respuestas a elegir por el usuario es una opción muy común en este tipo de sistemas porque fomenta la toma de decisiones, la participación y el razonamiento.

Sobre los **medios técnicos y útiles** que requieren ambas técnicas divulgativas, la imagen o gráficos adquieren un papel prioritario, pues deben resultar atractivos para el ciudadano, que en estos medios generalmente es no cualificado en el sector, e incluso puede ser menor de edad. La información nunca se transmite aquí en soporte papel, sino oral (y a veces escrita en juegos educativos). En juegos *online* lo necesario es *software* y equipo informático, mientras que solo se requiere un televisor o radio para poder sintonizar los programas didácticos.

8. Folletos y otros sistemas de difusión

Aparte de todo lo ya mencionado, se han dejado por sus peculiares características algunos sistemas de difusión que, aunque citados por encima, merecen un estudio particularizado y desarrollado independientemente. Se trata del fomento de la eficiencia energética mediante la divulgación de folletos explicativos y de carteles informativos con eslóganes contundentes que causen un impacto profundo en el lector. Ambos sistemas tienen el mismo objetivo: concienciar y aumentar la curiosidad de quien lo lee, sin embargo el modo en el que funcionan es bien distinto.

El **folleto** lo que busca es que el lector pueda leer las ideas y objetivos principales que se quieren explicar de forma rápida. A lo sumo, a los puntos a destacar les seguirá una breve explicación que deberá ser sencilla, sin tecnicismos, fácil de entender por todos, pues su objetivo es convencer y crear una opinión favorable a lo que se está promocionando. El cartel funciona de un modo distinto. En él básicamente el objetivo es redactar una frase que impacte y no sea difícil de recordar, una frase muy bien escogida que resuma todo un concepto y que anime a quien vea dicho cartel a intentar aumentar dicho mensaje a través de otros medios (generalmente libros o internet). En el **cartel** generalmente suele haber alguna imagen o fotografía, cuya importancia es crucial, pues será la que generalmente hará detenerse a la persona que pasea para leer el cartel.

Los carteles pueden, como se ha dicho, encargarse directamente de transmitir la idea o frase que se pretende difundir (en este caso estarían indicados para destinatarios no técnicos), o bien pueden servir también para promocionar cursos, jornadas o sesiones informativas, que en este caso están indicados, según el caso, tanto para profesionales como ciudadanos en general. En este caso, el cartel solo dará unas pinceladas de información general y aportará información sobre el lugar y la hora a la que tendrán lugar los cursos. Aquí el cartel funcionaría como herramienta de publicidad convencional.

Carteles y folletos se dirigen a receptores pasivos, especialmente los primeros. Con ello se quiere decir que quien lee un cartel generalmente no ha hecho por encontrarlo, sino que se ha topado con él mientras realizaba otras tareas. Con los folletos hay más predisposición informativa, pues requiere que el ciudadano se acerque al expositor donde se dan, lo cual indica interés. La información a difundir en ambos sistemas se asimila con mucha rapidez debido a lo breve de su contenido, y el proceso de selección de la ubicación ideal para los carteles o la ubicación del puesto informativo donde se ofertarán los folletos es quizás el punto más crítico del plan, solo por detrás de la selección de la información a contener.

? Sabía que...

El con competencias ha elaborado una serie de carteles con las medidas para ahorrar energía. Los carteles están referidos a una serie de prácticas que consiguen ahorrar energía. Estas se centran en la climatización de espacios, iluminación, uso de escaleras en lugar de ascensor y teletrabajo. El documento con la cartelería se encuentra disponible para la descarga en la página web de IDAE e incluye 11 carteles.

https://redirectoronline.com/mf11970105

Todos los carteles hacen referencia a que se han elaborado en cumplimiento con el Real Decreto-ley 14/2022, de 1 de agosto, de medidas de sostenibilidad económica en el ámbito del transporte, en materia de becas y ayudas al estudio, así como de medidas de ahorro, eficiencia energética y de reducción de la dependencia energética del gas natural.

Respecto a los niños, una solución posible sería hacer carteles con fotografías o dibujos orientados a ellos (relativos a sus personajes de dibujos animados favoritos o simplemente a cosas que les atraigan), para hacerlos así partícipes del contenido de dichos carteles. Lo mismo para el caso de folletos informativos, donde habría que minimizar el texto y realizar más dibujos explicativos que cuando se orientan a un público adulto.

Las posibilidades de difusión de la eficiencia energética son tan amplias que serían imposibles de acotar, dependiendo exclusivamente de la creatividad de los responsables de *marketing* y publicidad. Es en estas circunstancias donde ha de agudizarse el ingenio. Entre estos otros sistemas de difusión, puede citarse el captar la atención de los ciudadanos, atrayéndolos con pequeños regalos (bolígrafos, camisetas, por ejemplo) a cambio de rellenar cuestionarios o escuchar consejos energéticos de los empleados en la campaña divulgativa. Dichos regalos llevarán serigrafiados el tema a difundir con el eslogan de la campaña. En el caso de que el objetivo sean niños, los regalos para captar su atención deberán ser, por ejemplo, globos o lápices, y la información, elemental y acorde a su edad. En este sistema solo será necesario invertir en materiales de regalo, en folletos informativos a repartir y en el montaje de la instalación que albergará dicha iniciativa (caseta, vitrina, expositor...), cuya ubicación habrá de haber sido estratégicamente diseñada.

Por último, pero no menos importante, resulta de gran interés realizar **campañas especiales** para personas con deficiencias visuales, auditivas o con cualquier tiempo de dificultad. Diseñar para ello campañas en lenguaje braille, por ejemplo, acercará dicha campaña a consumidores con problemas visuales, y así se puede universalizar la campaña a la vez que se realiza un acto de igualdad y justicia social.

Actividades

9. Enumere analogías y diferencias entre folleto y cartel como sistemas de divulgación de información.
10. ¿Cuál es el objetivo que persigue concienciar a los niños en materia de ahorro energético y contaminación, si ellos por norma general no pueden intervenir en el presente activamente en su consecución?

Aplicación práctica

El Ministerio de Industria ha lanzado una nueva campaña para concienciar a los más pequeños de la necesidad del ahorro energético en sus hogares. Para ello, se les ha ofertado una serie de posibilidades de entre las cuales, por motivos presupuestarios, solo pueden elegir una. Las opciones elegidas son: folletos explicativos muy detallados

Continúa en página siguiente >>

<< Viene de página anterior

de la importancia del ahorro energético, carteles hechos con dibujos de otros niños y con eslóganes energéticos para poner en colegios y guarderías, publicidad televisiva en horario de máxima audiencia o dedicar una parte de un programa infantil a un concurso con preguntas sencillas sobre ahorro, con premios y regalos. ¿Con cuál se quedaría?

SOLUCIÓN

Como la campaña publicitaria está exclusivamente destinada a los niños, parece lógico descartar un folleto informativo con demasiados textos y explicaciones, pues no es un formato atractivo para ellos en absoluto. Tampoco parece demasiado razonable hacer publicidad solo para niños en horas punta de telespectadores, cuando el precio de la publicidad es máximo y el mensaje solo atractivo para los menores. Sería una decisión poco razonable.

Las más interesantes serían los carteles con dibujos de otros niños y el concurso en horario infantil. Ambos proyectos serían una buena solución, pero quizás, si se quiere concienciar al máximo número de niños, lo ideal sería el programa televisivo, pues los receptores potenciales son muchos más debido a que no solo el concurso es atractivo para los jóvenes telespectadores, sino el programa que lo precede y sucede. Los carteles hechos por otros niños conciencian enormemente a quienes participan en su diseño, y también tienen eco en quienes los ven en los colegios, pero parece seguro que estos últimos serán muchos menos que los niños que vean la televisión, un formato más dinámico y atractivo, aunque quizás también un proyecto más caro.

9. Resumen

La difusión y promoción de la importancia del ahorro energético en edificios viene siendo una de las prioridades del ministerio con competencias en las últimas décadas. La inversión de este organismo en medidas promocionales y de concienciación ha ido creciendo a lo largo de los años, y los efectos de dicha inversión se han plasmado en la sociedad, que ha cambiado sus hábitos por otros más saludables y sostenibles.

Las campañas destinadas a fomentar la eficiencia energética en los edificios han ido variando y están en continua innovación. Se ha pasado de sistemas de divulgación "de toda la vida", como folletos y carteles, hasta las más innovadoras campañas de concienciación a través de internet y las numerosas redes sociales utilizadas masivamente por los ciudadanos. También se ha recurrido a otros métodos más 'cálidos' en el trato, como seminarios, conferencias o charlas a distintos niveles de profundidad técnica, adaptándose al perfil, edad e inquietudes de los asistentes para lograr en ellos el máximo calado posible del mensaje.

Todas estas medidas no han surgido de forma improvisada, sino que han seguido las directrices marcadas por planes aprobados tras diversas iniciativas, muchas de ellas promovidas por IDAE, para cumplir con las exigencias en cuanto a objetivos de ahorro energético dictadas por Europa. Los objetivos han ido evolucionando en este tiempo hasta ser cada vez más ambiciosos, y hasta el momento es de valorar muy positivamente los resultados arrojados por la sociedad española, pese a que la delicada situación económica sea también parcialmente responsable de su consecución.

Ejercicios de repaso y autoevaluación

1. **De las siguientes frases, indique cuál es verdadera o falsa.**

   a. El Protocolo de Kyoto ha sido firmado por todas las naciones del mundo.

      ☐ Verdadero
      ☐ Falso

   b. En la Cumbre de Río de Janeiro de 1992, Europa se comprometió a reducir sus emisiones en un 8 %.

      ☐ Verdadero
      ☐ Falso

   c. Uno de los cinco objetivos principales de la política energética de la Unión Europea es fomentar el uso de carbón y petróleo para producir electricidad.

      ☐ Verdadero
      ☐ Falso

   d. El CTE ha sido un documento que no ha sufrido ninguna revisión ni modificación desde que se publicó.

      ☐ Verdadero
      ☐ Falso

2. **Complete la siguiente oración.**

   El _____ sostenible exige garantizar que el crecimiento _____ _____ se lleve sin _____ los recursos disponibles o perjudicar directa o indirectamente a la _____. El citado principio quedó por primera vez manifestado en la Cumbre de _____ de las Naciones Unidas en 1992.

3. ¿Cuáles son los objetivos de La Unión Europea en materia energética para 2030?

_____

_____

_____

_____

4. ¿A qué se refieren las siglas IDAE?

    a. Instituto para la Diversificación y Ahorro de Energía.

    b. Información Diversa para el Ahorro de Energía.

    c. Instituto para la Defensa y Autoridades Energéticas.

    d. Investigación Divergente Ahorro Energético.

5. ¿Cuál es el real decreto más reciente que aborda el tema de la certificación energética en edificios?

_____

_____

_____

_____

6. ¿Qué papel desempeña el Boletín Oficial del Estado?

_____

_____

_____

_____

_____

_____

_____

7. De las siguientes frases, indique cuál es verdadera o falsa.

    a. La atención personalizada implica necesariamente conversación telefónica.

      ☐ Verdadero

      ☐ Falso

b. La atención personalizada, funcionando eficientemente, es de los medios informativos más rápidos y directos.

☐ Verdadero
☐ Falso

c. Las aulas digitales están especialmente indicadas para personas mayores.

☐ Verdadero
☐ Falso

d. Las aulas digitales permiten la interacción entre alumnos.

☐ Verdadero
☐ Falso

8. **Complete la siguiente oración.**

El consumo _____ en España tiene una tendencia a _____ año tras año. Dicho factor viene explicado por el aumento de la _____ del país y del número de viviendas existentes, pero también ligado al mayor número de equipos y _____ presentes en cada hogar, como consecuencia del estado de _____ en el que la sociedad está sumida.

9. **Relacione los siguientes elementos.**

a. Protocolo de Kyoto.
b. Intensidad energética.
c. CE3X.
d. SICER.

__ *Software* para la certificación energética en edificios.
__ Información al ciudadano en energías renovables y eficiencia energética.
__ Reducción de las emisiones en un 8 % respecto a 1990 por parte de Europa.
__ Indicador de eficiencia energética.

10. **¿A qué nos referimos cuando hablamos de un sistema que requiere una plataforma informática de encuentro, información y comunicación entre los alumnos entre sí y con los profesores, que facilita y agiliza el aprendizaje y la resolución rápida de dudas?**

    a. Sesión formativa presencial.
    b. Biblioteca digital.
    c. Cartel.
    d. Curso formativo *online*.

11. **Complete la siguiente oración.**

El _____ Técnico de la _____ (CTE) es el marco normativo que dicta las _____ a cumplir por los edificios en relación con los requisitos básicos de _____ y habitabilidad establecidos en la Ley 38/1999 de Ordenación de la _____.

12. **¿Cuál de los siguientes métodos es una buena herramienta para divulgar la eficiencia energética y el ahorro en niños?**

    a. Folletos.
    b. Sesiones informativas.
    c. Carteles.
    d. Juegos educativos.

13. **Comente los principales inconvenientes de la publicidad como medio de divulgación.**

Capítulo 2

Acciones divulgativas sobre eficiencia energética

Contenido

1. Introducción

Los planes de divulgación sobre eficiencia energética fueron descritos en el capítulo anterior, en el que se abordaron los diferentes tipos de planes existentes y la forma de llevarlos a cabo de una manera adecuada.

En primer lugar, es imprescindible tener en cuenta el perfil del destinatario de esta promoción, ya que cada destinatario tiene unas características y necesidades distintas.

Al ser las necesidades distintas, los espacios e instalaciones que requerirán también serán diferentes. Para ello, es necesario conocer las necesidades de cada uno de ellos y las características principales que definen a los espacios y características como apropiadas.

Además, se deben emplear recursos didácticos eficientes que dependen en gran medida del objetivo perseguido y del tipo de perfil de destinatario. En este capítulo se describirán los diferentes recursos didácticos existentes, de manera que se elija el adecuado para cada tipo de situación, así como los recursos más adecuados a cada perfil de destinatario.

De esta manera, se pueden definir los métodos de intervención específicos a cada perfil de destinatario, de manera que la promoción del uso eficiente de la energía en edificios resulte eficaz.

2. Perfiles de destinatarios

Las acciones divulgativas son variadas y aunque su objetivo final es común: LA BÚSQUEDA DE LA EFICIENCIA ENERGÉTICA, la forma de lograrlo en cada acción será diferente.

Un importante aspecto que influye en la acción divulgativa es el destinatario al cual va dirigida la acción divulgativa y las características del mismo, es decir, su perfil.

A continuación se presentan los perfiles de una serie de destinatarios de las acciones divulgativas.

2.1. Perfil de destinatario: escolares

Los centros educativos son los lugares dedicados a la formación y educación de los jóvenes. La conciencia ambiental, cada vez más común, hace de los centros educativos lugares ideales para educar a los jóvenes en la eficiencia energética.

En dichos centros nos podemos encontrar distintos perfiles de destinatarios que exponemos a continuación:

■ **Alumnos de Educación Primaria:**

> ❙ Son alumnos de edad menor o igual a 12 años.
> ❙ Comienzan a ser conscientes del problema de la contaminación en el mundo.
> ❙ Su capacidad de actuación en la actualidad es reducida, pero se pretenderá que asimilen la acción divulgativa para que la apliquen en un futuro.
> ❙ Se pretende que el alumno sea un pequeño divulgador de la eficiencia energética en su hogar.

■ **Alumnos de Educación Secundaria y Bachillerato:**

> ❙ Son alumnos de edades comprendidas entre 13 y 18 años.
> ❙ Tienen un conocimiento y conciencia del problema de la contaminación que nos rodea y del calentamiento global.
> ❙ Tienen una capacidad de actuación más elevada, por lo que se pretenderá que la acción divulgativa sea eminentemente práctica.

■ **Alumnos de Formación Profesional:**

> ❙ Su edad suele estar comprendida entre 16 y 22 años.

▌ Tienen un conocimiento y conciencia del problema de la contaminación que nos rodea y del calentamiento global.

▌ Su capacidad de actuación es elevada en la actualidad, pero en muy poco tiempo podrá ser mayor debido a que muchos deberán aplicar la acción divulgativa en el trabajo que realizan.

 **Actividades**

1. Justifique por qué es importante que en los colegios, además de transmitir conocimientos teóricos, se eduque a los alumnos en la eficiencia energética.

2.2. Perfil de destinatario: instaladores o personal de mantenimiento de instalaciones

Otro destinatario importante de las acciones divulgativas de eficiencia energética son los responsables de instalar, reparar o mantener todo el aparataje que forma las instalaciones de los edificios.

A la hora de analizar el perfil de estos destinatarios, se deberá tener en cuenta:

■ **Conocimiento técnico del instalador Vs conciencia de eficiencia energética del mismo.** Habrá que analizar el conocimiento técnico del instalador y la concienciación de eficiencia de los mismos, para que la acción divulgativa intente conseguir un equilibrio entre ambos.

■ **Orientación hacia el cliente.** El instalador está orientado hacia el cliente, pero esta orientación debe procurarse que no sea una simple relación comercial, sino que el instalador deberá progresivamente responsabilizarse de la concienciación energética del cliente.

■ **Personas en horario laboral.** El horario de trabajo es una característica de este destinatario. El instalador suele tener una jornada de trabajo bastante completa, y por tanto la acción divulgativa debe ser algo ameno y fácil de asimilar, para que el instalador logre organizar su tiempo y cultivarse en dicha acción formativa.

2.3. Perfil de destinatario: el consumidor

El consumidor es un destinatario muy interesado en las acciones divulgativas de eficiencia energética, ya que esta casi siempre lleva asociado un descenso de coste económico, lo que se traducirá en una reducción de la factura del consumidor. Aunque se deberá hacer ver al consumidor que la eficiencia energética tiene una reducción más importante, que es la reducción de la contaminación ambiental que actualmente tanto afecta a nuestro planeta.

Pero dentro del perfil de destinatario consumidor, podemos encontrarnos varios tipos:

- **Consumidor individual.** Es aquel consumidor formado por una persona individual o familia, que suele vivir en una vivienda. Su conocimiento y concienciación con la eficiencia energética se debe intentar incrementar.
- **Colectivo de consumidores.** Está formado por un conjunto de consumidores que dependen de una instalación común. Son, por ejemplo, las comunidades de vecinos cuya calefacción depende de una única caldera. Por tanto, en este caso el perfil se caracteriza por una conciencia común que no suele ser muy conocedora de la importancia de la eficiencia energética.
- **Consumidor industrial.** El consumidor industrial o empresario es muy variado. Existen empresas pequeñas cuyo consumo energético no genera mucho gasto y en el que el perfil del consumidor se adecuaría a un consumidor individual. Pero existen grandes superficies y empresas con actividades que requieren un consumo energético importante. Estas empresas deben ser un destinatario importante de las acciones divulgativas.
- **Consumidor público.** En muchas ocasiones el destinatario de la acción divulgativa puede ser un ente público, como los ayuntamientos de las localidades.

En estos casos, el perfil del destinatario puede ser muy variado, lo que se deberá tener en cuenta a la hora de plantear la acción divulgativa.

3. Espacios e instalaciones apropiadas

Los espacios e instalaciones que se usen para la promoción del uso eficiente de la energía en edificios han de ser las apropiadas, de manera que consigan de una manera eficiente los objetivos perseguidos en la promoción.

En función del perfil de los destinatarios, se deben utilizar unos espacios e instalaciones diferentes, de manera que sean apropiados a sus necesidades.

Por ello, a continuación se realiza una descripción de los espacios e instalaciones apropiados al perfil de los destinatarios anteriormente definidos.

Posteriormente, se definen las características básicas que deben tener los espacios e instalaciones para cumplir de manera eficiente los objetivos de la promoción.

3.1. Espacios e instalaciones según el perfil de los destinatarios

La tipología de espacios e instalaciones depende en gran medida del perfil de los destinatarios, ya que las necesidades de estos espacios e instalaciones varían dependiendo de si los destinatarios son un grupo de escolares o un grupo de consumidores.

A continuación, se presentan los espacios e instalaciones para cada uno de los perfiles de destinatarios definidos en el apartado anterior.

Espacios e instalaciones para grupos escolares

Los espacios e instalaciones apropiadas dependerán del nivel escolar ante el que nos encontremos, y que pueden ser los siguientes.

Alumnos de Primaria (menores de 12 años)

Para los alumnos de Primaria, las actividades de promoción del uso eficiente de la energía se realizarán principalmente en el entorno escolar.

Por ello, los espacios e instalaciones más adecuados son las instalaciones escolares de los alumnos.

De esta manera, se consigue un doble efecto:

▌**Ahorro en los costes de promoción,** pues no se requiere el alquiler de zonas específicas para desarrollar la promoción, ya que esta se realizaría en las instalaciones escolares.

▌Los alumnos de Primaria considerarán la actividad de promoción como **una parte más de las actividades escolares,** dándole, por tanto, mayor importancia.

Dentro de las instalaciones escolares se pueden elegir diferentes instalaciones, entre las que destacan:

▌**Aula escolar:** cuando la participación de los alumnos es muy reducida y la promoción consiste principalmente en una exposición.

▌**Talleres:** cuando a los alumnos se les pide una participación mayor en las actividades.

▌**Patios o salas de gimnasio:** cuando la actividad es más intensa y requiere un mayor espacio, como, por ejemplo, juegos entre varios grupos numerosos de alumnos.

Alumnos de Primaria en un aula escolar

Alumnos de Secundaria y Bachillerato (edades entre 13 y 18 años)

Con los alumnos de Secundaria y Bachillerato, al igual que los alumnos de Primaria, se pueden utilizar igualmente las instalaciones escolares para llevar a cabo las actividades de promoción, redundando en las mismas ventajas que las descritas anteriormente.

Sin embargo, los requisitos tecnológicos de estos espacios e instalaciones pueden llegar a ser superiores que para los alumnos de Primaria. Los alumnos de Secundaria y Bachillerato tendrán unos conocimientos tecnológicos más desarrollados, y las actividades de promoción pueden requerir el uso de medios tecnológicos. Por ello, estas salas deberán estar equipadas con estos medios.

Por ejemplo, tal y como se muestra en la siguiente imagen, la sala podría requerir disponer de cañón proyector para poder realizar presentaciones audiovisuales.

Alumnos de Secundaria con presentaciones audiovisuales

Alumnos de Formación Profesional (edades entre 16 y 22 años)

Los alumnos de Formación Profesional comparten las mismas necesidades que los alumnos de Secundaria y Bachillerato.

Sin embargo, existe una diferencia apreciable entre ambos grupos: muchos cursos de Formación Profesional no se imparten en centros escolares. Por ello, en lugar de utilizar espacios e instalaciones situados en entornos escolares, se deben utilizar los mismos espacios e instalaciones de los que disponga el centro donde se lleva a cabo la Formación Profesional.

Espacios e instalaciones para instaladores o personal de mantenimiento de las instalaciones

Estos profesionales son los responsables de la instalación y funcionamiento correcto de la misma. El perfil cambia completamente respecto al del grupo anterior de alumnos, y en la misma medida cambian las necesidades de los espacios e instalaciones.

En general, estos profesionales no tienen un lugar de trabajo fijo, sino que este varía constantemente, ya que el lugar en el que instalar un equipo o realizar una labor de mantenimiento varía igualmente.

Por ello, se plantean dos posibles espacios e instalaciones donde llevar a cabo la promoción:

▌**Espacios e instalaciones especialmente reservados para llevar a cabo este tipo de actividades.** Estos espacios podrían situarse en hoteles, centros municipales, bibliotecas públicas, etc., que permitan el alquiler de salas para llevar a cabo promociones. En general, esas salas disponen de las instalaciones adecuadas para hacer la promoción (equipos audiovisuales, mobiliario suficiente, etc.).

▌**Oficinas de las empresas de los instaladores o personal de mantenimiento.** De esta manera se conseguiría un considerable ahorro de costes. Sin embargo, habría que comprobar que estas empresas disponen de salas de reunión con los equipos tecnológicos y el mobiliario suficiente (mesas, sillas, etc.).

Salas en alquiler

Espacios e instalaciones para consumidores en general

Los espacios e instalaciones para los consumidores suelen ser muy variados, en función del perfil concreto del consumidor.

De esta manera, para consumidores de perfil público, lo más indicado serán espacios e instalaciones ubicados en los propios edificios públicos en cuestión. Por ejemplo, para llevar a cabo una promoción para el ayuntamiento de una pequeña localidad, lo más adecuado es utilizar las propias instalaciones del ayuntamiento.

Para consumidores con perfil industrial, se pueden utilizar las propias instalaciones de la empresa en cuestión, en el caso de que esta disponga de espacios e instalaciones adecuados. En caso contrario, porque la empresa sea de tamaño reducido, se puede optar por agrupar a un número determinado de empresas y utilizar los espacios e instalaciones de las diferentes cámaras de comercio o, en última instancia, alquilar salas específicamente para llevar a cabo la promoción.

Salas de la Cámara de Comercio de Andújar (Jaén)

Por último, para colectivos de consumidores, como las comunidades de propietarios, o para una agrupación de consumidores individuales, se puede optar por los espacios e instalaciones de este colectivo, en el caso de disponer de ellas, o del alquiler de salas para tal fin.

3.2. Características básicas de los espacios e instalaciones

Las características básicas que hacen que los espacios e instalaciones sean apropiados se resumen en la siguiente imagen.

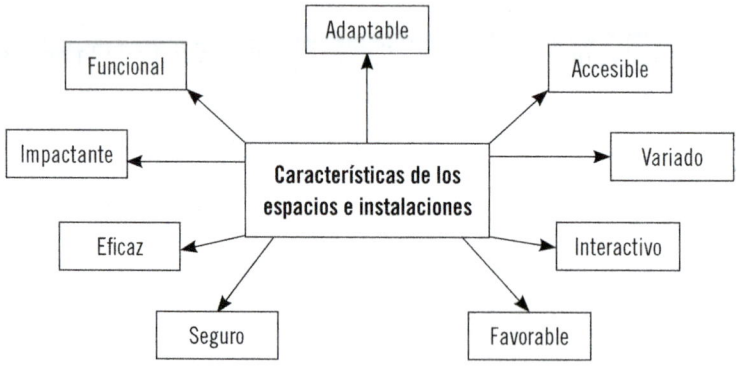

A continuación, se realiza una descripción de cada una de estas características básicas:

- **Funcional.** Los espacios deben ser funcionales, es decir, que sean espacios de calidad, donde se pueda realizar la labor de forma eficiente. Esto implica que el aspecto funcional debe primar por encima de lo puramente estético.
- **Adaptable.** Los tipos de promoción que se pueden realizar son muy diversos. Por ello, los espacios e instalaciones deben ser adaptables a cualquier situación futura. Por ejemplo, las salas deberían ser modulares, de manera que mediante un cambio en la configuración de los módulos se puedan diseñar salas de un mayor o menor tamaño, según las necesidades de cada momento.
- **Accesible.** Todas las personas deben poder utilizar estos espacios e instalaciones, independientemente de su condición. Por ello, deben ser accesible para cualquier tipo de personas: personas con movilidad reducida o con algún tipo de discapacidad.
- **Variado.** Los espacios e instalaciones deben tener las características adecuadas para permitir usos muy variados, especialmente en lo relativo al soporte informático: proyectores, vídeos, altavoces, micrófonos, etc., aunque muchas de estas instalaciones no se usen diariamente.
- **Interactivo.** Los espacios deben disponer de un diseño tal que permita la interrelación entre el público y las personas encargadas de la promoción. Esto puede conseguirse mediante la disposición semicircular de las salas, por ejemplo.
- **Favorable.** El espacio debe ser favorable, entendiéndose como favorable aquellos espacios de calidad que favorezcan el aprendizaje. Esto se consigue con la limitación del ruido externo, como el del tráfico, o del ruido interno, como el de ordenadores o aparatos de aire acondicionado.

Definición

Persona de movilidad reducida (PMR)

Personas con limitada capacidad de moverse sin ningún tipo de ayuda externa, de forma permanente o temporal.

La señal que se utiliza para indicar que una zona está adaptada a personas de movilidad reducida es la siguiente.

**Señal de zona adaptada a
personas de movilidad reducida**

También se consigue con un mobiliario adecuado, con sillas y mesas cómodas.

- **Seguro.** Los espacios e instalaciones han de ser seguros. Para ello, han de cumplir con la legislación actual contra incendios, de seguridad y salud, etc.
- **Eficaz.** Los espacios e instalaciones han de resultar eficaces, es decir, conseguir los mismos objetivos y fines con un coste reducido. El coste económico de los espacios e instalaciones es una variable que debe ser tenida muy en cuenta.
- **Impactante.** Deben disponer de un diseño tal que resulte impactante al público. De esta manera, se consigue que llame la atención y las personas muestren interés y motivación.

Actividades

2. ¿Qué otros tipos de accesibilidad limitada conoce, además de la movilidad?
3. ¿Qué otros ejemplos de ruido externo e interno pueden afectar a las características apropiadas de los espacios e instalaciones?

Aplicación práctica

Se va a realizar una promoción del uso eficiente de la energía en edificios en una sala que presenta las siguientes características respecto a los espacios e instalaciones:

▎ **Paredes rígidas de albañilería que no pueden ser movidas.**
▎ **Escalones para acceder a la sala.**
▎ **El coste de la reserva de la sala ha sido muy elevado.**

¿Qué tres características no cumple la sala según las tres descripciones anteriores?

SOLUCIÓN

De acuerdo con las características que deben cumplir los espacios e instalaciones para que sean apropiados, descritas anteriormente, las tres características que no cumplen son las siguientes:

1. La sala no es adaptable, pues presenta paredes con rigidez que no pueden ser movidas, creando así salas más grandes o pequeñas según la necesidad.
2. La sala no es accesible, pues los escalones impiden el acceso a personas con movilidad reducida.
3. La sala no es eficaz, pues, según lo anterior, no dispone de las características adecuadas y, además, tiene un elevado coste.

4. Recursos didácticos

Los **recursos didácticos** pueden definirse como el conjunto de elementos que ayudan y favorecen el proceso de aprendizaje y enseñanza.

Los recursos didácticos son, por tanto, imprescindibles cuando se desea comunicar, enseñar y trasladar unos conocimientos de forma eficaz a cada uno de los perfiles de destinatarios identificados.

La promoción del uso eficiente de la energía en edificios requiere, por tanto, que los recursos didácticos sean adecuados a cada perfil de destinatarios, y que permitan la comunicación y la enseñanza de los principios del uso eficiente de la energía en edificios.

Los recursos didácticos se emplean para las siguientes **funciones:**

- Crear motivación e interés por la promoción del uso eficiente de la energía.
- Evaluar los conocimientos adquiridos en materia de promoción del uso eficiente, ya que parte de los recursos didácticos incluyen elementos de autoevaluación.

El empleo de recursos didácticos trae consigo, además, numerosas **ventajas,** entre las que destacan las siguientes:

- Simular que durante la promoción los receptores se encuentran en situaciones de la vida real.
- Aprovechamiento más eficiente del tiempo dedicado a la promoción, ya que favorecen la optimización de las horas empleadas.
- Motivan a los receptores.
- Identifican con los objetivos perseguidos por la promoción del uso eficiente de la energía en edificios.
- Facilitan la comprensión de los principios y contenidos de la promoción del uso eficiente.

A continuación se realiza una descripción de los **recursos didácticos** y, posteriormente, se identifican los **recursos didácticos más adecuados a cada perfil de destinatario.**

4.1. Recursos didácticos

Los recursos didácticos pueden ser muy variados, pero los aplicados al campo de la promoción del uso eficiente de la energía en edificios se pueden resumir en la imagen siguiente.

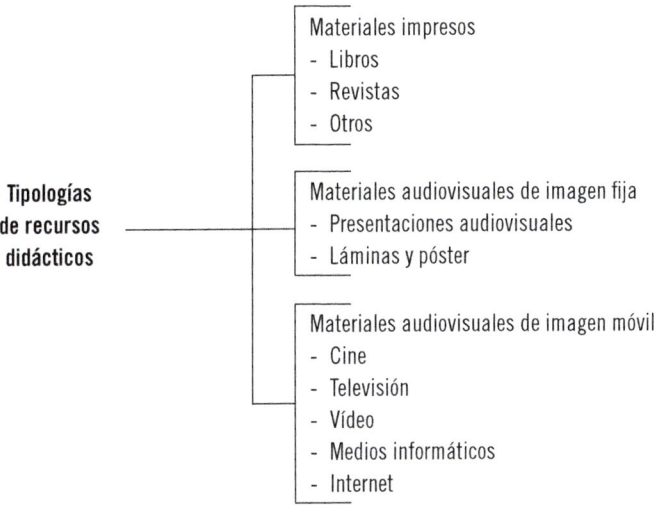

A continuación se realiza la descripción de cada uno de ellos.

Materiales impresos

Los recursos didácticos clasificados como materiales impresos son principalmente los libros, revistas y otras categorías, como folletos o trípticos.

Los **libros** son los recursos didácticos con mayor cantidad de información, pero pueden no tener un impacto o llegada sobre el receptor de una forma eficaz, ya que requieren que los receptores adquieran y lean o, al menos, consulten el libro.

Por otra parte, las **revistas** se caracterizan por tener menos información que los libros y de una forma más condensada.

Por último, otros modelos de materiales impresos como los **folletos** o los **trípticos.** Este tipo de recurso didáctico es el que menor información posee, pero el que tiene mayor accesibilidad al receptor, ya que no requieren de una gran cantidad de tiempo para su consulta y son considerablemente más impactantes y visuales que los anteriores.

Folleto de promoción del uso eficiente de la energía general

La siguiente tabla resume las características de cada uno de ellos.

Tipos y características del material impreso como recurso didáctico		
Tipo de material impreso	Contenido de información	Accesibilidad al público
Libros	Muy alto	Bajo
Revistas	Medio	Medio
Otros (folletos, trípticos, etc.)	Bajo	Muy alto

 Actividades

4. Para el público o receptores no especializados, ¿qué tipo de recurso didáctico de material impreso será más eficiente?

Materiales audiovisuales de imagen fija

Los recursos didácticos clasificados como materiales audiovisuales de imagen fija son aquellos que transmiten la información mediante texto, imagen y sonido.

Existen materiales audiovisuales de imagen fija muy variados, pero los aplicados a la promoción del uso eficiente de la energía en edificios son principalmente los siguientes:

- Presentaciones audiovisuales.
- Láminas y pósteres.

Existen numerosos programas para elaborar presentaciones audiovisuales. Uno de los más conocidos es el programa *PowerPoint* de Microsoft. En la actualidad hay alternativas *online* que permiten realizar presentaciones muy atractivas. Entre ellos destacan *Canva, Prezi* y *Genially*.

Sin embargo, el material audiovisual de imagen fija más aplicable a la promoción del uso eficiente es el de **láminas y pósteres.** Las láminas y pósteres pueden disponerse sobre cualquier elemento, ya sea sobre edificios, en calles o en oficinas. Deben ser muy visuales y capaces de llamar la atención del público. La única desventaja es la cantidad de información que pueden disponer, ya que debe ser muy limitada, con el fin de lanzar mensajes claros y directos.

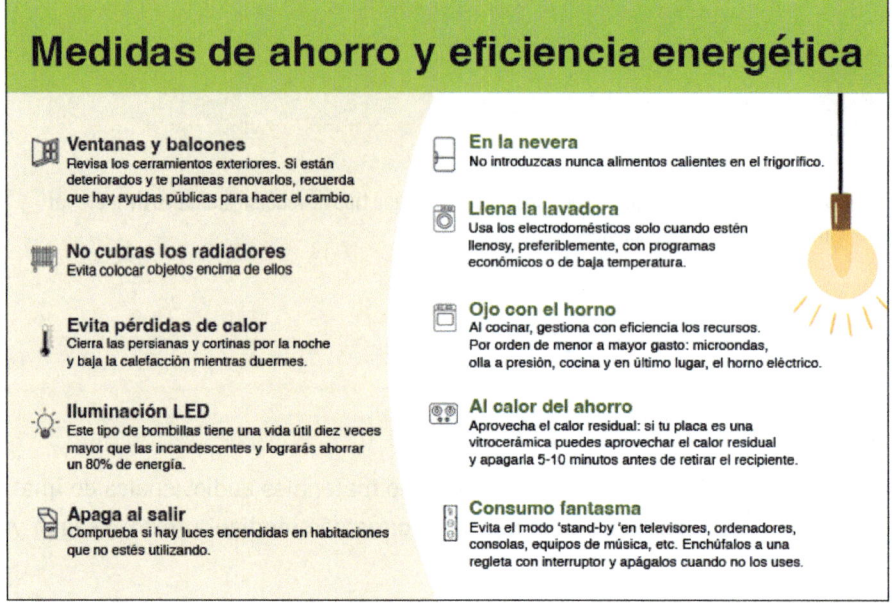

Póster de promoción de uso eficiente de energía general

Materiales audiovisuales de imagen móvil

Los recursos didácticos clasificados como materiales audiovisuales de imagen móvil son aquellos en los que el texto, la imagen y sonido se transmiten de una manera móvil, es decir, en movimiento.

Los principales materiales audiovisuales de imagen móvil son los siguientes:

- **Cine.** El empleo del cine para el desarrollo de recursos didácticos para la promoción del uso eficiente de la energía parece limitado, pero el cine no incluye únicamente películas de larga duración. Aunque efectivamente es un recurso con cierta dificultad para desarrollo, se pueden crear películas de corta duración o cortos sobre el uso eficiente de la energía que después pueden ser proyectados en colegios, instituciones, comunidades de vecinos, etc.

■ **Televisión.** Se pueden utilizar anuncios, documentales o programas especiales que promuevan el uso eficiente de la energía en la televisión. Sin embargo, el elevado coste de la utilización de la televisión puede resultar una desventaja considerable.

■ **Vídeo.** Los vídeos son medios audiovisuales menos ambiciosos que el cine o la televisión, pero que sirven para transmitir la información de igual manera. Se pueden emplear igualmente en colegios, instituciones, comunidades de vecinos, etc.

■ **Medios informáticos.** Bajo esta categoría pueden incluirse todas aquellas aplicaciones informáticas disponibles, como juegos informáticos, presentaciones virtuales a través del ordenador, etc. Tienen la ventaja de un coste de difusión reducido, al contrario que el cine y la televisión.

■ **Internet.** No hay que olvidar internet, que se ha convertido en el medio audiovisual de mayor difusión en los últimos años. Presenta un coste reducido (exceptuando el propio de la producción del material) y una gran difusión. Una herramienta muy útil y de gran relevancia son las redes sociales existentes en internet. Estas redes sociales pueden llegar a ser útil como recurso de promoción.

Sabía que...

Se estima que 5.400 millones de personas están conectadas a internet en todo el planeta. Estos representan un 67 % del total de la población, estimada aproximadamente en 8.000 millones de personas.

Actividades

5. ¿Qué redes sociales conoce que se puedan emplear para la promoción del uso eficiente de la energía en edificios?

Nivel de coste de los recursos didácticos

El coste de los recursos didácticos empleados en la promoción del uso eficiente de la energía en edificios es un aspecto que debe ser considerado especialmente.

Sin embargo, no resulta sencilla la estimación directa de este coste, pues depende en gran medida del alcance que se le quiera dar a cada recurso. Por ejemplo, el número de pósteres que se van a imprimir, los medios en los que se van a publicar los anuncios de televisión o la complejidad de las aplicaciones informáticas.

Teniendo en cuenta estas consideraciones, se pueden obtener de forma orientativa los siguientes niveles de coste de los recursos didácticos, de manera que se puede entender de manera aproximada qué recursos didácticos pueden tener un coste más elevado que otros.

Nivel de coste de los recursos didácticos			
Recurso didáctico	Nivel de coste		
Material impreso	Libros	Alto	€€€€
	Revistas	Medio	€€€
	Otros (folletos, trípticos, etc.)	Bajo	€€
Materiales audiovisuales de imagen fija	Presentaciones audiovisuales	Muy alto	€
	Láminas y pósteres	Muy alto	€

Continúa en página siguiente >>

<< Viene de página anterior

Nivel de coste de los recursos didácticos		
Recurso didáctico	Nivel de coste	
	Cine	Muy alto	€€€€€
	Televisión	Muy alto	€€€€€
Materiales audiovisuales de imagen móvil	Vídeo	Alto	€€€€
	Medios informáticos	Medio	€€€
	Internet	Bajo	€€

 ## Aplicación práctica

Su empresa ha realizado el encargo de definir el tipo de promoción del uso eficiente de la energía en edificios para dos casos distintos, que son los siguientes:

▌ Caso 1: promoción del uso eficiente para una ciudad entera, que ha sido encargado por el ayuntamiento de esa ciudad, que dispone de presupuesto suficiente.
▌ Caso 2: promoción para una comunidad de vecinos con presupuesto muy limitado.

Enumere y justifique el empleo de dos recursos didácticos que sería adecuado emplear en cada caso.

SOLUCIÓN

En primer lugar, es necesario caracterizar para cada caso de forma independiente. De la información aportada se puede realizar la siguiente caracterización:

▌ Caso 1: nivel de presupuesto alto o muy alto, en el que los receptores o el público presentan un número muy elevado, ya que abarca a toda la ciudad.
▌ Caso 2: nivel de presupuesto bajo o muy bajo, en el que los receptores son muy reducidos, ya que solo afecta a una comunidad de vecinos.

Según esta caracterización, se sugieren los siguientes recursos didácticos:

Continúa en página siguiente >>

<< Viene de página anterior

I Caso 1:

- **I** Folletos y trípticos, que tienen un alto grado de accesibilidad al público.
- **I** Anuncios en la televisión local, porque llegan a un número muy elevado de receptores. Tienen un coste elevado, pero el ayuntamiento dispone de fondos suficientes.

I Caso 2:

- **I** Folletos y trípticos, que tienen un alto grado de accesibilidad al público y tienen un coste muy bajo.
- **I** Láminas y pósteres, que tienen un coste bajo y que pueden ser dispuestos por todo el edificio.

4.2. Recursos didácticos según los destinatarios

Los recursos didácticos existentes que han sido descritos anteriormente no pueden utilizarse indistintamente sin tener en cuenta el perfil del destinatario en cuestión.

Por ello, a continuación se describen los recursos didácticos más adecuados según los perfiles de los destinatarios descritos anteriormente.

Recursos didácticos para grupos escolares

Los recursos didácticos para grupos escolares dependerán del nivel escolar ante el que nos encontremos.

Alumnos de Primaria (menores de 12 años)

Los alumnos de Primaria requieren recursos didácticos muy amenos que favorezcan la enseñanza de los principios de la promoción del uso eficiente de la energía en edificios, ya que la mejor manera de comunicar conocimientos y trasladar hábitos a los alumnos de Primaria es mediante recursos didácticos dinámicos, en los que los alumnos interactúen con el promotor.

Por ello, los recursos más adecuados son los libros con gran cantidad de recursos gráficos o láminas y pósteres que pueden ser colgados en las mismas aulas escolares, de manera que la promoción puede realizarse diariamente. También pueden ser de gran utilidad los vídeos o películas de dibujos animados que capten la atención de los alumnos.

Alumnos de Secundaria y Bachillerato (edades entre 13 y 18 años)

Con los alumnos de Secundaria y Bachillerato se pueden utilizar recursos didácticos similares, aunque para estos casos el contenido de información técnica puede ser más extenso, ya que son alumnos con un mayor nivel de formación académica.

Resulta muy interesante para estos alumnos el empleo de los recursos didácticos relacionados con internet y, más concretamente, con las redes sociales, ya que especialmente los alumnos de Bachillerato suelen tener una actividad intensa en estas redes sociales.

Entre los recursos didácticos que se encuentran en la web destacamos los de la fundación Naturgy cuyo objetivo es ampliar los conocimientos entorno a la energía, tecnología, vocaciones STEM y transición energética basada en la transmisión de valores entorno a la transición energética, nuevas energías y descubrimiento de las últimas tecnologías aplicadas. También se impulsa el desarrollo de vocaciones STEM en esta etapa vital de orientación profesional.

Definición

STEM

Es el acrónimo en inglés que hace referencia a Science, Technology, Engineering and Mathematics (ciencia, tecnología, ingeniería y matemáticas), y que plantea la integración interdisciplinaria de estas áreas de las ciencias en un contexto asociado a la ingeniería y la tecnología.

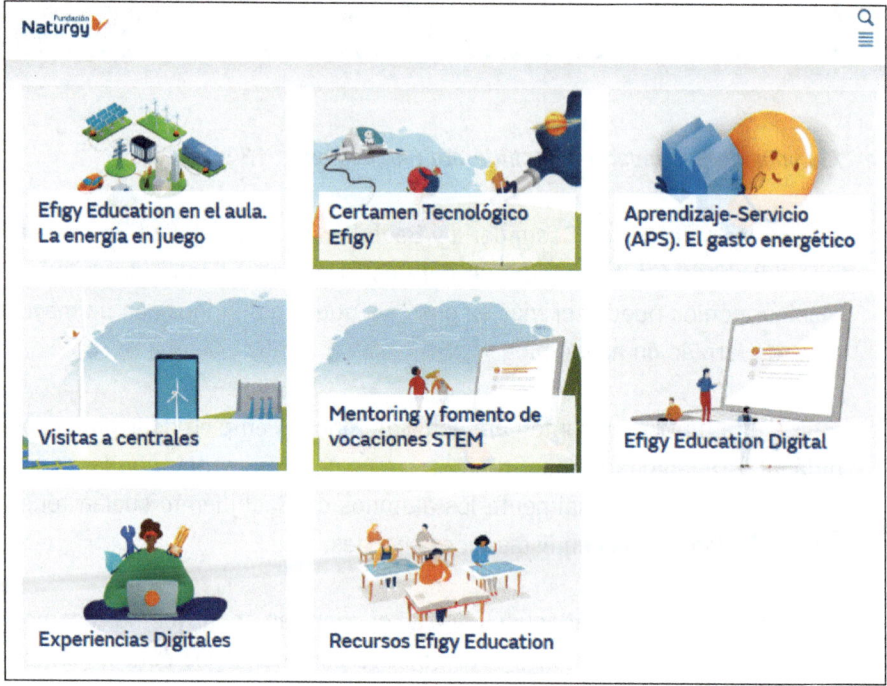

Internet como recurso didáctico para la promoción del uso eficiente de la energía

Alumnos de Formación Profesional (edades entre 16 y 22 años)

Los alumnos de Formación Profesional presentan unas características similares en cuanto a la tipología de recursos didácticos que pueden utilizar.

Sin embargo, dado que estos alumnos presentan un grado de formación más técnica, se podrían emplear libros con un mayor contenido en información técnica que para los dos grupos anteriores.

Recursos didácticos para instaladores o personal de mantenimiento de las instalaciones

Como ya se ha explicado, los instaladores o personal de mantenimiento son los profesionales del sector con un alto grado de conocimientos técnicos y que, generalmente, tienen una disponibilidad horaria muy limitada. Por ello, no es conveniente diseñar recursos didácticos que impliquen un consumo considerable de tiempo para llevarlos a cabo.

Las revistas resultan más adecuadas en este caso que los libros. Más concretamente, las revistas especializadas en el sector, con el fin de tener el grupo más adecuado al que se quiere dirigir la promoción. Por ejemplo, si se desea realizar una promoción sobre los instaladores de aire acondicionado, resultaría muy adecuado llevar a cabo esta promoción en revistas especializadas en climatización de edificios.

Por la misma razón, los recursos didácticos de imagen móvil (internet, vídeo, televisión) son adecuados siempre que sean de corta duración y estén insertados en medios específicos. Siguiendo con el ejemplo anterior, en portales web dedicados a la climatización de edificios.

Recursos didácticos para consumidores en general

Los recursos didácticos para los consumidores suelen ser muy variados. Para consumidores de perfil público, lo más indicado son recursos de una gran difusión y alcance, como folletos o pósteres que se ubican en lugares clave. Por ejemplo, para una campaña de promoción en un ayuntamiento estarían muy indicados los recursos en forma de folletos, que se podrían distribuir en la recepción del principal edificio o en forma de pósteres, y que se ubicarían en los espacios comunes.

Para consumidores industriales, la promoción mediante revistas es muy indicada, por las mismas razones que lo son para instaladores y personal de mantenimiento.

En el caso de consumidores colectivos o agrupación de individuales, los folletos y pósteres son aconsejables, aunque también otros recursos son las presentaciones audiovisuales. Estas presentaciones se podrían realizar con objeto de las reuniones periódicas que organice el grupo de consumidores. Por ejemplo, en las reuniones anuales de una comunidad de propietarios se pueden realizar presentaciones audiovisuales que apoyen al resto de recursos que se utilicen en la campaña de promoción.

5. Métodos de intervención

Los métodos de intervención aglutinan las herramientas y actuaciones que usan los divulgadores para transmitir el mensaje de la eficiencia energética. Dichos métodos dependerán principalmente de los destinatarios a los cuales vaya dirigida la acción divulgativa.

5.1. Métodos de intervención ante grupos escolares

Los métodos de intervención usados en acciones divulgativas dirigidas a grupos escolares dependerán del nivel escolar ante el que nos encontremos.

Alumnos de Primaria (menores de 12 años)

En los primeros años de escolarización, los métodos de intervención usados deben ser presenciales y preferiblemente vistosos y amenos.

Se debe intentar que el niño aprenda divirtiéndose, y por ello es muy recomendable el uso de juegos y actividades relacionados con el uso eficiente de la energía.

Una manera muy útil de organizar los métodos de intervención sería proponer diferentes objetivos de eficiencia energética por meses. Por ejemplo, un mes dedicado al reciclaje, otro mes dedicado a la reposición de bombillas incandescentes por bajo consumo, etc. Todos estos temas se deberán tratar de manera vistosa y usando recursos didácticos que hagan que el niño, a su edad, sea capaz de asumir y comprender la importancia de la eficiencia energética, y actúe como pequeño divulgador en su domicilio.

Ficha escolar dirigida a niños de Primaria

Alumnos de Secundaria y Bachillerato (edades entre 13 y 18 años)

Dado que a estas edades el conocimiento de los alumnos en materia de energía y uso eficiente de la misma es más amplio, los métodos de intervención varían. Se pueden combinar los métodos de intervención presenciales con los no presenciales.

Entre los **métodos presenciales** se pueden destacar los talleres y actividades, mediante los cuales el alumno puede comprender la importancia de realizar un uso racional de la energía y la búsqueda de otras fuentes de energía alternativas a aquellas fuentes finitas de energía.

Otro método presencial serían las charlas y jornadas, en las que uno o varios expertos en la materia exponen al alumnado la importancia del uso eficiente de la energía en los edificios. Dichas charlas podrán ir acompañadas de una fase de ruegos y preguntas, en los que el alumno podrá interaccionar con el profesional y resolver sus inquietudes.

Otro método de intervención importante en estas edades es la organización de actividades prácticas que ayudan en la lucha contra la contaminación y, por tanto, influyen en gran medida en la eficiencia de la energía. Entre ellas, destacamos la organización de recogida, selección y reciclaje de residuos en espacios naturales.

En cuanto los **métodos no presenciales,** destacan los folletos y fichas que recibe el alumno, en los que se transmite la intención del uso eficiente de la energía.

Representación de un generador eólico casero que puede ser objetivo de construcción en la organización de talleres. Ayuda a comprender cómo a partir de una energía limpia como el viento se puede generar electricidad

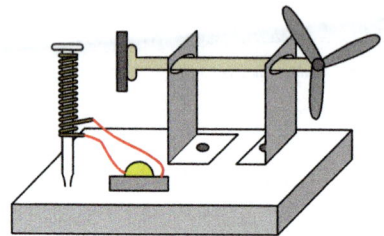

Alumnos de Formación Profesional (edades entre 16 y 22 años)

Estos alumnos están a un paso de insertarse en el mundo del trabajo, y si además se añadiera que su actividad estará relacionada con las instalaciones de los edificios, cobra mucha importancia las acciones divulgativas dirigidas a ellos.

En este grupo, los métodos de intervención combinan tanto actividades presenciales como no presenciales.

Las actividades presenciales se centrarán en actividades y casos cercanos a la realidad. Entre ellos, se puede destacar la resolución de problemas o reparaciones, y la resolución de los mismos de la manera más eficiente posible.

Entre los métodos no presenciales, se introducirá a este futuro colectivo profesional en la legislación y normativa en materia de eficiencia energética, para que logren comprenderlas con facilidad y sean capaces de aplicarlas en su actividad profesional. Dichos métodos, por tanto, serán folletos o trípticos en los que se señalan algunos aspectos importantes de dicha legislación, los cuales se podrán complementar con charlas, jornadas y coloquios en los que un profesional expondrá la importancia de la eficiencia energética en el desarrollo laboral de los futuros trabajadores.

 Actividades

6. ¿Conoce otra construcción casera que ayude a comprender el funcionamiento de otra energía limpia?

5.2. Métodos de intervención dirigidos a instaladores o personal de mantenimiento de las instalaciones

Estos profesionales son los responsables de la puesta en marcha de la instalación y del funcionamiento correcto de la misma. Si una instalación tiene una avería y no se repara correctamente, su funcionamiento puede ser ineficiente desde el punto de vista energético y consumirá mucha más energía de la que se tenía prevista.

Por tanto, es fundamental promover los métodos de intervención dirigidos a profesionales. Los métodos no presenciales, aunque de gran importancia, se deberán complementar con métodos de intervención presenciales, en los que el profesional pueda comprender cómo realizar su trabajo de manera eficiente, y también sea capaz de comprender el uso de energías limpias.

Dichos métodos consistirán en jornadas formativas cuyo objetivo sea el concienciar a los profesionales de la importancia del uso eficiente de la energía, y hacer comprender que, por encima del objetivo económico, está el bien común, es decir, el uso eficiente de la energía.

Ejemplo

Un método de intervención sería una jornada dirigida a instaladores y personal de mantenimiento de instalaciones agua caliente sanitaria, en la que se pretenda que los mismos difundan e intenten implantar el uso de estas instalaciones combinadas con los captadores solares.

5.3. Métodos de intervención ante consumidores en general

Los métodos de intervención ante los consumidores suelen ser muy variados y con diferentes objetivos.

Los **métodos de intervención no presenciales** están constituidos por los folletos y publicidad que el consumidor recibe en su domicilio, en los que se le hace partícipe de un uso eficiente de la energía. Se insta al mismo a reducir el consumo de energía eléctrica, a realizar un consumo racional del agua o a apostar en la medida de lo posible por la generación limpia de energía.

Los **métodos de intervención presenciales** en este colectivo no son tan habituales. En ocasiones, se pueden combinar con los métodos dirigidos a escolares, ya que se hacen partícipes a los padres de las jornadas escolares de eficiencia energética, y son responsables de transmitir a sus hijos el uso eficiente de la energía y de los recursos disponibles.

Otros métodos de intervención son las campañas de eficiencia energética dirigidas a un sector específico. Un ejemplo de las mismas es la campaña dirigida a la sustitución de bombillas incandescentes en los municipios, en las que se regalan bombillas de bajo consumo por la entrega de bombillas incandescentes.

Imagen procedente de la campaña de sustitución de bombillas incandescentes

 Actividades

7. Ponga un ejemplo de una acción que pueden realizar los hijos con los padres para el uso eficiente de la energía.

Aplicación práctica

La sequía que se ha dado en una localidad en los últimos tres años ha conllevado que se sequen los cauces de los ríos y que un embalse que tenía asociada una central hidroeléctrica, próximo a la localidad, también tenga un nivel muy bajo. Se ha decidido realizar una acción divulgativa a nivel general que afecte a todas las partes implicadas.

Ponga tres ejemplos de métodos de intervención que conciencien a los habitantes de la localidad del uso eficiente de la energía ante esa problemática. ¿Cuáles son sus destinatarios?

SOLUCIÓN

1. Se debería realizar un método de intervención a los escolares de la localidad, incidiendo en el consumo mínimo de agua. Se deberá promover la ducha al baño, no dejar el grifo abierto al lavarse los dientes, regar las plantas en horario nocturno, etc. Los métodos de intervención se realizarán mediante actividades y talleres, y se adaptarán a la edad del escolar.
2. Se deberá concienciar al consumidor en general del gran problema de la escasez de agua. Así, se fomentará el uso eficiente del agua mediante acciones publicitarias, como por ejemplo el uso de aparatos que mantengan la presión del agua pero reduciendo el agua consumida.
3. Dado que en esta ciudad el embalse es el responsable, en gran medida, de la creación de energía eléctrica, otro método de intervención será aquel cuyo objetivo será el que pretenda reducir el consumo eléctrico de la localidad. Este método de intervención afectará tanto a escolares como a consumidores y a instaladores, ya que deberán por todos los medios aplicar las herramientas para que la energía eléctrica consumida se reduzca.

5.4. El responsable de la acción divulgativa y de la elección del método de intervención

El **responsable de la acción divulgativa** es la persona o grupo de personas encargadas de transmitir a los distintos destinatarios el contenido de la misma.

Dado que son el último escalón en la transmisión de la información en las campañas de promoción del uso eficiente de la energía, su perfil debe cumplir ciertos requisitos:

- Personas formadas en la producción de energía clásica.
- Personas con conocimiento de energías renovables y en su aplicación a las distintas instalaciones.
- Personas proactivas y prácticas, que sean capaces de hacer ver el bien común, por encima del bien individual.
- Personas con capacidad de diálogo y comprensión.
- Personas con cierta capacidad de persuasión, ya que, a veces, el objetivo será convencer a personas, empresarios o instituciones de una inversión a medio-largo plazo, algo no fácil de conseguir en muchas ocasiones.

 ## Actividades

8. ¿Cree que es útil que el destinatario de la acción divulgativa haga propuestas de modificación de dicha acción divulgativa?

 ## Aplicación práctica

El ineficiente funcionamiento de las lámparas incandescentes está haciendo que sean frecuentes las acciones y planes divulgativos cuyo objetivo es su retirada y sustitución por lámparas de bajo consumo. Como parte de un equipo humano dedicado a la elaboración de acciones divulgativas, se nos ha pedido que seamos los que decidamos a qué destinatarios daremos estas acciones y por qué.

SOLUCIÓN

I Consumidor individual. Es importante que sea destinatario de la acción divulgativa. El alumbrado forma parte de uno de los consumos eléctricos más importantes del hogar, y el tener conciencia de bajo consumo ayudará a reducir la factura y a ser más eficientes energéticamente.

Continúa en página siguiente >>

<< Viene de página anterior

I Consumidor colectivo. En las comunidades de vecinos también se usa alumbrado en los pasillos y entradas de los bloques. Una progresiva sustitución de lámparas ayudará económicamente a la comunidad.

I Consumidor industrial. Aunque no tan evidente por el tipo y necesidad de alumbrado, en las industrias también se debe intentar implantar poco a poco el bajo consumo en el alumbrado, ya que actualmente ofrece características de iluminación similares a las lámparas incandescentes, siendo su consumo muy inferior.

I Consumidor público. El consumidor público está muy interesado en esta acción divulgativa, ya que es el responsable del alumbrado interior de los edificios públicos, y del alumbrado exterior de las calles. Si se sustituyen las lámparas habituales por las de bajo consumo, la reducción de gasto y eficiencia energética de la ciudad suben de manera importante.

I Fabricantes de lámparas. Deberán ser receptores de esta acción y serán conscientes de un cambio en el producto a fabricar, deberán orientar su producción a lámparas de bajo consumo en lugar de lámparas incandescentes. Además, deberán innovar en los procesos de fabricación, para que la fabricación sea respetuosa con el medioambiente.

6. Resumen

Las acciones divulgativas son las herramientas que se usan para promocionar el uso eficiente de la energía en los edificios. Como toda actividad, se debe desarrollar en unas condiciones adecuadas según el grupo al que sean dirigidas.

Por ello, lo primero que se debe hacer es caracterizar a los destinatarios de la acción o programa divulgativo, ya que serán variados y deberán asumir los consejos que la acción les da e intentarlos aplicar de la mejor manera.

Este programa divulgativo debe desarrollarse en unos espacios e instalaciones que dependen en gran medida del perfil de los destinatarios, pero que en general deben compartir una serie de características básicas.

Estas acciones se valen, además, de recursos didácticos que deberán ser muy claros, para que todas las partes implicadas entiendan el principal objetivo de la acción divulgativa en cuestión: el uso de la energía de manera eficiente.

Cada una de las partes intervendrá con una serie de métodos para promocionar o asumir el uso eficiente de la energía. Se deberá promover un uso adecuado de las instalaciones y nunca derrochar los recursos, que en la mayoría de ocasiones son limitados. No se detendrá la investigación y la innovación en técnicas que ayuden a que el funcionamiento de las instalaciones sea cada vez más óptimo desde el punto de vista de la energía y el respeto al medioambiente.

La persona o grupo responsable de la acción divulgativa debe estar preparado técnicamente y deberá ser una persona eminentemente práctica, que exponga con claridad los objetivos de la acción divulgativa y las intervenciones a realizar por cada una de las partes.

Ejercicios de repaso y autoevaluación

1. **¿Es esta afirmación correcta? En caso de ser incorrecta, justifíquela.**

   Los destinatarios de acciones divulgativas en centros educativos tienen iguales perfiles, independientemente de su edad.

   _____

   _____

2. **Complete el siguiente texto.**

   El _____es un destinatario muy interesado en las acciones divulgativas de eficiencia _____, ya que esta casi siempre lleva asociado un _____de _____, lo que se traducirá en una reducción de la _____ del consumidor.

3. **Relacione cada destinatario con la característica correspondiente a su perfil.**

   a. Alumnos de Educación Primaria.
   b. Alumnos de Formación Profesional.
   c. Instaladores o personal de mantenimiento.
   d. Consumidor individual.

   __ Su conocimiento y concienciación con la eficiencia energética se debe intentar incrementar.
   __ El horario de trabajo es una característica de este destinatario.
   __ Su capacidad de actuación es elevada en la actualidad, pero en muy poco tiempo podrá ser mayor.
   __ Se pretende que el alumno sea un pequeño divulgador de la eficiencia energética en su hogar.

4. **¿Qué características tendrán los métodos de intervención de escolares de Primaria?**

   _____

   _____

5. Nombre las características que deberá tener la persona responsable de la acción divulgativa.

_____
_____
_____
_____
_____
_____
_____

6. ¿Qué características presenta el perfil de destinatario de alumno de Educación Secundaria y Bachillerato?

_____
_____
_____
_____
_____
_____
_____

7. ¿Cuál es la principal causa que hará que el consumidor sea un destinatario muy interesado en las acciones divulgativas de eficiencia energética?

   a. Tiene gran capacidad de concienciar a los demás.
   b. Esta lleva asociado un descenso del coste económico, que se traducirá en una reducción de la factura.
   c. Tiene una capacidad de actuación muy elevada.
   d. Comienza a ser consciente del problema de la contaminación en el mundo.

8. Complete las siguientes frases.

   a. Para los alumnos de Primaria, las actividades de promoción del uso eficiente de la energía se realizarán principalmente en _____ _____.

   b. Cuando la participación de los alumnos es muy reducida y la promoción consiste principalmente en una exposición, se realizará en _____.

    c. Cuando a los alumnos se les pide una participación mayor en las actividades, se desarrollarán _____.

    d. Cuando la actividad es más intensa y requiere un mayor espacio, como, por ejemplo, juegos entre varios grupos numerosos de alumnos, se llevará a cabo en _____.

9. **¿Cuál será el lugar de realización de la acción formativa para alumnos de Formación Profesional, cuando esta no se imparta en los centros escolares?**

_____
_____
_____
_____

10. **¿A qué destinatario irá dirigida una acción divulgativa si como posible espacio donde llevar a cabo la promoción se plantean espacios e instalaciones especialmente reservados para llevar a cabo este tipo de actividades en hoteles, centros municipales, etc.?**

_____
_____

11. **¿Qué significa que el espacio en el que se va a llevar a cabo la acción divulgativa sea interactivo?**

_____
_____
_____
_____

12. **Complete el siguiente texto.**

Los _____ pueden definirse como el conjunto de elementos que ayudan y favorecen el proceso de aprendizaje y _____. Son, por tanto, imprescindibles cuando se desea _____, enseñar y _____unos conocimientos de forma _____ a cada uno de los _____ de destinatarios identificados.

13. Califique los siguientes recursos didácticos escritos en función del mayor a menor contenido en información y de mayor a menor accesibilidad al público: revistas-libros-otros (folletos, trípticos, etc.).

_____
_____

14. ¿Cuáles serían los métodos de intervención presenciales a desarrollar para alumnos de Bachillerato?

_____
_____
_____
_____
_____
_____
_____

15. ¿Cuáles son los métodos de intervención no presenciales ante consumidores en general?

_____
_____

Capítulo 3

Evaluación de acciones de divulgación sobre eficiencia energética

Contenido

1. Introducción

Para realizar la promoción del uso eficiente de la energía en edificios, es necesaria la elaboración de planes de divulgación, así como identificar diferentes acciones divulgativas, como se han detallado en los dos capítulos anteriores.

Sin embargo, cualquier acción divulgativa estaría incompleta si no se realizase una correcta evaluación de la misma. Esta evaluación persigue comprobar si los objetivos de las acciones divulgativas han sido satisfechos y, además, identificar aquellos puntos que son susceptibles de mejora para futuras acciones divulgativas, de manera que la acción sea cada vez más eficaz.

Esta evaluación se basa en unos modelos e instrumentos de evaluación determinados. Cada uno de ellos tiene unas características y aplicaciones determinadas, que se describirán en este capítulo y que es necesario conocer.

Una vez aplicados estos modelos e instrumentos, se debe realizar una evaluación correctora de las acciones, así como la elaboración de los informes de resultados de esta evaluación.

2. Modelos de evaluación

El concepto de evaluación tiene multitud de significados y definiciones y puede aplicarse a una gran variedad de actividades humanas. Sin embargo, la más apropiada para el ámbito que nos concierne, el de la promoción del uso eficiente de la energía en edificios, es aquella que define la evaluación como el conjunto de actividades que sirven para dar un juicio y realizar una medición o valoración de objetos, situaciones o procesos de acuerdo con determinados criterios de valor determinados previamente.

Las acciones de divulgación sobre eficiencia energética se incluyen como objetos, situaciones o procesos que deben ser evaluados.

Sin embargo, para llevar a cabo de una manera adecuada una evaluación, deben seguirse aquellos modelos de evaluación que resulten más adecuados a la finalidad que se persigue con la evaluación.

La utilización de un modelo de evaluación no apropiado puede derivar en unos resultados de la evaluación no válidos. Además, es necesario seguir un proceso evaluativo apropiado que permita implantar estos modelos de evaluación.

Los modelos de evaluación se clasifican según los criterios siguientes.

A continuación, se realiza una descripción de los principales **modelos de evaluación.** Para cada uno de estos modelos de evaluación es necesario distinguir lo siguiente:

- ¿Qué se evalúa?
- ¿Qué utilidad tiene cada modelo de evaluación?
- Ejemplos reales de modelos de evaluación.

2.1. Modelos de evaluación según la funcionalidad

La **funcionalidad** hace referencia a la finalidad o propósito que se persigue y por la que se emplea un tipo u otro de evaluación. Toda evaluación persigue unos fines concretos.

Los modelos de evaluación según la funcionalidad se pueden clasificar en los siguientes tipos.

Evaluación diagnóstica

¿Qué se evalúa?

Se realiza para evaluar las capacidades y conocimientos previos de los sujetos que se van a someter a la acción divulgativa. Mediante este tipo de evaluación se identifican los conocimientos previos, la experiencia o incluso las habilidades de los sujetos, permitiendo así diseñar unas acciones divulgativas adecuadas y adaptadas a las necesidades.

Utilidad

Una evaluación de tipo diagnóstico sirve para obtener las características de los perfiles de los destinatarios en un curso de eficiencia energética.

Ejemplo

Es necesario realizar una evaluación diagnóstica de los conocimientos que tienen los destinatarios sobre los conceptos previos de climatización. De esta manera, el formador detecta aquellos aspectos de la climatización que los destinatarios no tienen suficientemente claros. Así, consigue asegurarse de que los destinatarios entienden y manejan con fluidez los conceptos básicos necesarios.

Evaluación formativa

¿Qué se evalúa?

Permite identificar aquellos aspectos de la acción que no se están desarrollando de forma adecuada, modificando y realizando los ajustes necesarios.

Utilidad

Este tipo de evaluación permite mejorar la acción divulgativa antes de que esta finalice, corrigiendo los errores que se puedan detectar y matizando aquellos conceptos que no hayan quedado claros.

Ejemplo

Siguiendo con el ejemplo anterior, durante la acción divulgativa de la eficiencia energética de los sistemas de climatización de un edificio puede ser necesario realizar una evaluación para detectar si los destinatarios han entendido de una manera correcta el proceso de funcionamiento de los diferentes instrumentos para medir los valores que determinan la eficiencia energética. Si los resultados no son positivos, el formador podría incidir de nuevo en los usos y características de estos instrumentos de medida, de manera que los conceptos queden firmemente afianzados.

Evaluación sumativa

¿Qué se evalúa?

Permite evaluar los conocimientos adquiridos por los sujetos de la evaluación, así como la eficacia de la acción divulgativa.

Utilidad

Presenta dos utilidades claramente identificables: por un lado, permite valorar los resultados de la acción divulgativa y, por otro, permite identificar aquellos conceptos que no han quedado suficientemente claros y que deben ser corregidos en futuras acciones divulgativas.

Ejemplo

Si en la evaluación sumativa de la acción divulgativa de la eficiencia energética de los sistemas de climatización se detecta que los destinatarios no han asimilado los conceptos básicos sobre los instrumentos de medición, es necesario redefinir esta acción divulgativa, de manera que los destinatarios de futuras acciones asimilen estos conceptos adecuadamente.

2.2. Modelos de evaluación según la temporalidad

La **temporalidad** hace referencia al momento en que se realiza la acción divulgativa.

Los modelos de evaluación según la temporalidad se pueden clasificar en los siguientes tipos.

Evaluación inicial

¿Qué se evalúa?

Es aquella evaluación que se realiza al comienzo de la acción divulgativa para conocer el nivel de los destinatarios de la acción.

Utilidad

La evaluación inicial comparte la misma utilidad que la evaluación de tipo diagnóstica descrita previamente, es decir, obtener las características de los perfiles de los destinatarios.

Ejemplo

Antes de iniciar una acción divulgativa sobre el uso eficiente de los sistemas de climatización de un edificio, es necesario realizar una evaluación inicial de los conocimientos que tienen los destinatarios sobre los conceptos y sistemas básicos de climatización. Esta evaluación debe realizarse al inicio de la acción divulgativa.

Evaluación procesual

¿Qué se evalúa?

Identificar los aspectos de la acción que no se están desarrollando de forma adecuada durante el transcurso mismo de la acción, es decir, después del inicio y antes del fin de la propia acción.

Utilidad

Comparte la utilidad con la evaluación formativa: mejorar la acción divulgativa antes de que esta finalice.

Ejemplo

Una vez ha comenzado la acción divulgativa y antes de que finalice esta, es necesario realizar una evaluación procesual para detectar aquellos errores o aspectos a mejorar durante la propia acción.

Evaluación final

¿Qué se evalúa?

Este tipo de evaluación se realiza al final de la acción divulgativa y evalúa los conceptos adquiridos sobre la misma.

Utilidad

Su utilidad, similar a la de la evaluación sumativa, es evaluar el nivel de adquisición sobre los conceptos divulgados.

Ejemplo

Al final de la acción divulgativa sobre sistemas de climatización, es necesario realizar una evaluación final de la propia acción, que resuma y valore el nivel de asimilación de todos los conceptos divulgados.

Actividades

1. En la siguiente línea temporal, donde aparece el inicio y final de la acción formativa, ubique los tres diferentes modelos de evaluación según su funcionalidad y temporalidad.

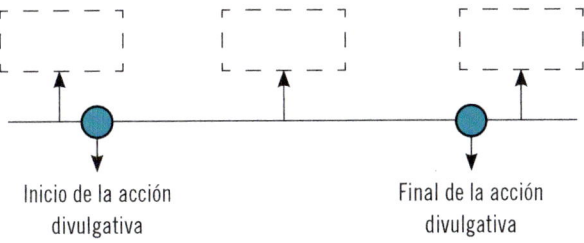

Inicio de la acción
divulgativa

Final de la acción
divulgativa

2.3. Modelos de evaluación según los agentes implicados

Los modelos de evaluación se clasifican igualmente según los agentes implicados, es decir, sobre quién realiza la evaluación y su relación con los sujetos de la evaluación.

Así, se puede hablar de los siguientes tipos de evaluación.

Autoevaluación

¿Qué se evalúa?

El mismo sujeto realiza sobre sí mismo una evaluación de los conocimientos adquiridos. De esta manera, cada uno es responsable de llevar su propia evaluación.

Utilidad

La autoevaluación es muy útil porque el propio destinatario será consciente tanto de los conocimientos adquiridos como de aquellos que necesitará profundizar. Además, al evaluarse a sí mismo, interiorizará y será más consciente de los resultados de la evaluación, no pudiendo responsabilizar al evaluador de los resultados de dicha evaluación.

Ejemplo

A los destinatarios se les puede pedir que describan las principales características de los equipos de medida que se emplean para obtener los valores de referencia que permiten determinar la eficiencia energética de una instalación solar térmica para ACS en un edificio, y que luego ellos mismos se autoevalúen, comparando los resultados con las respuestas correctas dadas en el correspondiente manual.

Coevaluación

¿Qué se evalúa?

Los sujetos evalúan sus conocimientos unos a otros, sin necesidad de una evaluación por una persona ajena al proceso.

Utilidad

El proceso de evaluación de otra persona permite afianzar los conceptos adquiridos, mejorando así la acción divulgativa.

Ejemplo

Siguiendo con el ejemplo anterior, el ejercicio sobre las principales características de los equipos de medida puede ser evaluado por los propios alumnos (unos a otros) mediante la comparación de los resultados con las respuestas correctas.

Heteroevaluación

¿Qué se evalúa?

Los conocimientos adquiridos son evaluados por una persona ajena al proceso de evaluación.

Utilidad

Dado que la evaluación se realiza por una persona ajena, esta evaluación será más objetiva y se ceñirá únicamente a los resultados obtenidos.

Ejemplo

El ejercicio sobre las principales características de los equipos de medida puede ser evaluado por un técnico especializado en equipos de medida, que no haya participado en la acción divulgativa.

 Sabía que...

Todas las personas estamos sujetas a la autoevaluación en todos los ámbitos de la vida. La autoevaluación abarca cualquier aspecto de nuestra vida cotidiana, y las personas nos planteamos y evaluamos continuamente las acciones que llevamos a cabo, tanto en el aspecto personal como profesional, realizando así un proceso de autoevaluación interior que es continuo.

 Actividades

2. Piense en todas las evaluaciones en las que ha participado. ¿Cuál ha sido el tipo de evaluación que ha visto con mayor frecuencia? ¿Cuál considera que ha sido de mayor utilidad?
3. De cara a diseñar una acción divulgativa sobre eficiencia energética, ¿considera relevante la evaluación diagnóstica o inicial? ¿Por qué motivo?

3. Proceso evaluativo

El proceso evaluativo detalla todas las etapas y fases que se deben seguir para la implantación de un modelo evaluativo.

Las etapas de las que consta un proceso evaluativo son las siguientes.

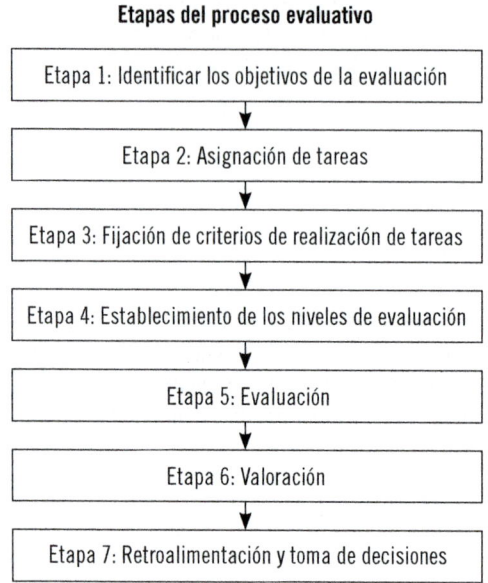

Etapas del proceso evaluativo

Etapa 1: Identificar los objetivos de la evaluación

Etapa 2: Asignación de tareas

Etapa 3: Fijación de criterios de realización de tareas

Etapa 4: Establecimiento de los niveles de evaluación

Etapa 5: Evaluación

Etapa 6: Valoración

Etapa 7: Retroalimentación y toma de decisiones

3.1. Etapa 1: identificar los objetivos de la evaluación

El primer paso en toda evaluación es identificar los objetivos que se persiguen con la acción formativa. Dentro de la promoción energética, estos objetivos pueden ser muy variados.

Ejemplo

Dentro de los numerosos objetivos que pueden existir, a modo de ejemplo se presentan los siguientes, en función del tipo de destinatario específico:

■ **Destinatario:** comunidad de propietarios de un edificio.
■ **Objetivo:** concienciar de la importancia de la eficiencia energética.

■ **Destinatario:** técnicos de mantenimiento de edificios.
■ **Objetivo:** capacidad para medir la eficiencia energética.

■ **Destinatario:** organismos públicos de energía.
■ **Objetivo:** identificar los parámetros básicos que miden la eficiencia energética.

3.2. Etapa 2: asignación de tareas

La asignación de tareas corresponde a las actividades que se deben desarrollar y sobre las cuales se realizará la evaluación. La realización de estas tareas será mediante los diferentes instrumentos de evaluación existentes, que se describirán de forma detallada en el siguiente apartado.

Ejemplo

Aunque en el siguiente apartado se describen de manera detallada, las tareas que se pueden asignar son las siguientes: debates, diálogos, pruebas de evaluación escritas, etc.

3.3. Etapa 3: fijación de criterios de realización de tareas

La fijación de criterios hace referencia a la forma en que se han de realizar las tareas, que será descrita de forma detallada en el apartado siguiente.

Ejemplo

En lo referente al debate, por ejemplo, consiste en fijar quién desempeña el papel de moderador, qué temas se van a tratar, etc.

3.4. Etapa 4: establecimiento de los niveles de evaluación

Esta etapa consiste en establecer los niveles de evaluación a partir de los cuales se podrá considerar que los sujetos han superado de forma satisfactoria la evaluación.

Ejemplo

Un nivel de evaluación puede ser, por ejemplo, conocer al menos tres de los cinco equipos de medición de eficiencia energética que se utilicen, o identificar al menos tres parámetros que miden la eficiencia energética. Esta cifra es orientativa y no debe considerarse como un caso real.

3.5. Etapa 5: evaluación

Consiste en la realización en sí misma de las tareas según los criterios fijados. Esta etapa finaliza con la toma de datos y de resultados de la evaluación.

Ejemplo

Siguiendo con el ejemplo anterior, consiste en la realización del debate en sí mismo y de la toma de observaciones por parte del evaluador.

3.6. Etapa 6: valoración

Los resultados de la evaluación de la etapa deben ser valorados por el evaluador. Además, según los niveles de evaluación definidos previamente, se puede realizar la valoración y determinar si los sujetos han alcanzado los objetivos por la evaluación.

Ejemplo

El evaluador debe determinar, siguiendo con el ejemplo anterior, si todos los participantes en el debate han superado de forma satisfactoria la evaluación.

3.7. Etapa 7: retroalimentación y toma de decisiones

En esta última etapa del proceso evaluativo se lleva a cabo la retroalimentación, que consiste en comunicar los resultados de la evaluación a los sujetos evaluados, y la toma de decisiones. Esta toma de decisiones puede suponer la finalización del proceso de acción divulgativa, si los resultados han sido adecuados, o la repetición o mejora de la acción, si los resultados no han mostrados los niveles adecuados.

Ejemplo

Según los resultados de la valoración del debate anterior, el evaluador debe determinar si la evaluación ha concluido o no.

 Nota

La retroalimentación se conoce en inglés como *feedback* y se utiliza habitualmente en los entornos profesionales. Por ello, es necesario que *feedback* y retroalimentación hagan referencia al mismo concepto.

 Actividades

4. ¿Qué consecuencias tendría la alteración en el orden de las diferentes etapas del proceso evaluativo? Más concretamente, ¿por qué no se puede realizar le evaluación y la valoración antes que la asignación de tareas? ¿Sería posible identificar los objetivos al final del proceso evaluativo, junto con la retroalimentación y la toma de decisiones? ¿Por qué?

4. Instrumentos de evaluación

Los instrumentos de evaluación se definen como las herramientas y procedimientos que se utilizan para medir el logro de las acciones divulgativas. Estos instrumentos de evaluación se pueden clasificar en los siguientes grupos:

- Pruebas de evaluación.
- Autoevaluación.
- Trabajo en equipo.
- Intercambios orales.

Estos instrumentos de evaluación tienen unas características especiales que implican que para la evaluación de las acciones divulgativas sobre eficiencia energética sean más adecuados unos instrumentos u otros.

Asimismo, los instrumentos que se describen a continuación pueden aplicarse para cada uno de los modelos descritos anteriormente. De esta manera, un mismo instrumento puede utilizarse en la fase inicial o diagnóstica de la acción divulgativa.

De igual manera, un mismo instrumento puede utilizarse como **modelo de heteroevaluación,** si la evaluación la realiza el formador, o como **modelo de coevaluación,** si la evaluación está realizada por los mismos sujetos de la evaluación.

A continuación se realiza una descripción detallada de cada uno de estos instrumentos de evaluación.

4.1. Pruebas de evaluación

Son una serie de pruebas diseñadas por el evaluador y que los alumnos deben completar y superar. Existen pruebas de evaluación muy diversas, entre las que destacan las siguientes.

Pruebas escritas objetivas

Son pruebas en las que la respuesta es única. Algunos ejemplos de estas pruebas son las preguntas de verdadero o falso, los test de selección, las pruebas de ordenación o las preguntas de respuesta corta.

Ventajas

La evaluación se sencilla y directa, pues al existir respuestas objetivas no hay margen para la mala interpretación de resultados.

Inconvenientes

Se coarta la libertad del destinatario a exponer libremente sus conocimientos, ya que la respuesta es única.

Ejemplo

Un ejemplo de prueba escrita objetiva sería un examen en el que se pide al destinatario que identifique y describa los parámetros que miden la eficiencia energética en un edificio.

Pruebas escritas libres

Son pruebas escritas en las que debe redactarse la respuesta y que, por lo tanto, no está ceñida a un resultado concreto. Un ejemplo de prueba escrita libre es el ensayo, en el que la persona tiene que desarrollar y exponer una temática y demostrar los conocimientos adquiridos.

Ventajas

La evaluación no se ciñe a una respuesta concreta y el destinatario tiene mayores oportunidades de demostrar sus conocimientos.

Inconvenientes

Al no estar acotadas las respuestas, la evaluación puede verse complicada y, especialmente, la comparación de los resultados de la evaluación con los del resto de destinatarios.

Ejemplo

Un ejemplo de prueba escrita libre es aquella en la que se pide al destinatario que reflexione sobre la importancia de la eficiencia energética. De esta manera, se puede evaluar si el destinatario ha identificado los principios de la eficiencia energética.

Pruebas libres orales

Consisten en realizar la evaluación persona por persona mediante una prueba oral en la que comprueban los conocimientos adquiridos.

Estas pruebas de evaluación constituyen un método muy rígido de evaluación que no permite la interacción de los alumnos, y que en algunos casos puede suponer que la evaluación se convierta en únicamente un trámite, sin aportar mayor valor añadido.

Ventajas

Durante la prueba oral se puede pedir al destinatario que reformule o vuelva a explicar sus conocimientos, en el caso de que estos no hayan quedado claros, dando así un mayor número de oportunidades para superar la evaluación.

Inconvenientes

Aquellas personas con dificultad para exponer sus argumentos pueden no mostrar sus conocimientos en la misma medida que los poseen.

Ejemplo

Un ejemplo de prueba escrita oral sería un examen oral entre el evaluador y el destinatario, en el que se le pide que describa verbalmente un equipo específico de medición de consumos energéticos.

Actividades

5. Imagine que usted pretende en su acción divulgativa concienciar a los alumnos sobre el gasto excesivo de energía en una vivienda. ¿Qué tipo de preguntas formularía en su prueba escrita para conseguir dicho objetivo?

Aplicación práctica

El ayuntamiento de una ciudad costera del sur de España está implantando un plan de promoción energética y desea conocer los efectos que está teniendo este plan en la población mediante una evaluación adecuada.

El ayuntamiento desea conocer cuál de las pruebas de evaluación es la más adecuada, considerando que este plan se ha realizado sobre una población de 25.000 personas y que el ayuntamiento desea resultados objetivos y fácilmente comparables.

SOLUCIÓN

Existen tres pruebas de evaluación: las pruebas escritas objetivas, las pruebas escritas libres y las pruebas orales libres.

Dado el tamaño de la población sobre la que se ha desarrollado (25.000 personas) no resultarían adecuadas las pruebas orales libres, ya que requerirían realizar pruebas persona por persona, con lo que ello supone de tiempo y coste.

Continúa en página siguiente >>

<< Viene de página anterior

De entre las pruebas escritas, la más adecuada es la prueba escrita objetiva, ya que permite obtener resultados única y fácilmente comparables. Por el contrario, las pruebas escritas libres pueden dar resultados difícilmente comparables entre sí, ya que la respuesta no es única para estos casos.

4.2. Autoevaluación

La autoevaluación, además de constituir un modelo de evaluación, es un instrumento más de evaluación. Consiste en que cada persona realice la evaluación sobre sí misma, sin requerir la intervención del evaluador.

Ventajas

La autoevaluación posee dos ventajas principales. La primera es que los recursos empleados para la evaluación disminuyen significativamente, ya que cada persona realiza su evaluación independientemente. La segunda ventaja es que al realizarse una evaluación de sí mismos, las propias personas son conscientes de los conocimientos adquiridos y de aquellos aspectos que necesitan profundizar más.

Inconvenientes

La autoevaluación también tiene inconvenientes, ya que muchas personas pueden tender a ser demasiado críticas consigo mismas o justo lo contrario, es decir, a sobrevalorarse.

Por ello, el papel del evaluador en este caso no es nulo, sino que previamente a la evaluación debe orientar a las personas sujetas a la evaluación sobre los criterios que deben evaluar, así sobre cómo realizar esta evaluación.

Ejemplo

Un ejemplo de autoevaluación sería pedirle al alumno que responda a una serie de preguntas cortas sobre el funcionamiento de diferentes limitadores de consumo y que, posteriormente, contraste su respuesta con aquella dada en los manuales.

4.3. Trabajo en equipo

El trabajo en equipo consiste en agrupar a los destinatarios, es decir, a los sujetos que van a ser evaluados, en equipos. A estos equipos se les asigna una actividad concreta que deben completar adecuadamente. El resultado de la evaluación depende de si el equipo ha sido capaz de completar esta actividad según los requisitos previamente establecidos.

Este instrumento permite que la evaluación sea más dinámica, ya que se requiere que los destinatarios se comuniquen entre sí, interactúen y compartan un objetivo común.

Este instrumento resulta muy adecuado para la promoción de la eficiencia energética, ya que al establecer un objetivo estrechamente relacionado con la eficiencia energética y compartirlo con el resto de sujetos, se consiguen dos fines. Por un lado, una evaluación más dinámica y, por otro, afianzar los fines de la eficiencia energética.

El evaluador debe adoptar para esta herramienta una actitud pasiva, después de explicar el contenido de la actividad, es decir, debe dejar actuar al equipo y realizar su evaluación mediante la observación del trabajo y de la actividad completada.

Ventajas

El trabajo en equipo puede servir para que el equipo comparta los mismos fines que, en definitiva, son los del uso eficiente de la energía en edificios. Así, una comunidad de vecinos que tenga que desarrollar un trabajo en equipo terminará asimilando como un equipo los fines del uso eficiente de la energía.

Inconvenientes

Pueden existir ciertos miembros del equipo que no participen en la misma medida en el trabajo en equipo, complicando de esta manera la evaluación.

Ejemplo

Un ejemplo de trabajo en equipo, y considerando el destinatario como una comunidad de vecinos, sería pedir a los miembros de esta comunidad que realicen un catálogo con su respectiva clasificación energética de los diferentes sistemas de climatización existentes en el edificio.

4.4. Intercambios orales

Son aquellos instrumentos de evaluación en los que se produce un intercambio mediante la palabra entre los sujetos a evaluación y los evaluadores.

Este instrumento de evaluación está indicado para trabajadores de perfiles variados y diferentes formaciones académicas, ya que permite ir modificando la evaluación conforme se vaya realizando el intercambio oral, característica que no se podría emplear con pruebas escritas, en las que las preguntas ya están fijada. Este instrumento, además, fomenta el intercambio de opiniones y no requiere de la realización de un ejercicio concreto, sino únicamente un intercambio oral de información, haciendo más dinámica la evaluación.

Los intercambios orales pueden adoptar diversas formas, siendo las más conocidas y utilizadas:

- El diálogo.
- El debate.

El diálogo

El diálogo se produce entre dos o más personas. No existe una estructura fija de discusión, ni los sujetos ni el evaluador adoptan ningún papel en concreto. Por el contrario, el objetivo del diálogo es el libre intercambio de la información.

La evaluación se realiza durante el desarrollo del diálogo, ya que el evaluador puede contrastar y determinar los conocimientos adquiridos por cada uno de los sujetos.

Ventajas

La evaluación es más dinámica y los contenidos de la evaluación pueden ser modificados en el propio transcurso del diálogo.

Inconvenientes

Puede resultar compleja la evaluación individual en el caso de que el grupo sea muy numeroso o si ciertos miembros no consiguen expresarse de forma adecuada.

Ejemplo

Considerando que el destinatario sea una comunidad de vecinos, se podría establecer un diálogo entre sus miembros para detectar durante el desarrollo del diálogo si han asimilado los conceptos objeto de la promoción.

El debate

Por otra parte, el debate sí mantiene una estructura de desarrollo, siendo esta la siguiente:

a. **Fase de exposición,** en la que se plantea la temática que se va a discutir.
b. **Fase de discusión,** en la que se lleva a cabo la discusión sobre la temática expuesta previamente.

Además, los intervinientes sí adoptan un papel específico, ya que existen dos figuras fundamentales:

a. El **moderador,** que se encarga de realizar la exposición y de asignar los turnos de palabra.
b. El **resto de intervinientes,** que deben atenerse a los criterios marcados por el moderador.

Al igual que en el diálogo, la evaluación se realiza durante el desarrollo del debate. El evaluador no tiene que adoptar necesariamente la forma de moderador, ya que también puede participar como un interviniente más, adoptando así un papel menos importante que le permita llevar a cabo la evaluación.

Ventajas

La evaluación es más dinámica y enriquecedora, de manera que durante el propio debate se puede seguir con la acción divulgativa.

Inconvenientes

Puede resultar compleja la evaluación individual en el que caso de que el grupo sea muy numeroso o de que no todo el grupo participe en la misma medida.

Ejemplo

Existen una multitud de temas sobre los que realizar un debate, entre los que destacan los siguientes:

▮ Conveniencia de invertir en equipos de elevado coste pero con grandes ahorros en energía.
▮ Estrategias individuales para ahorrar energía.
▮ Necesidad de emplear equipos específicos para medir el ahorro de la energía.

Actividades

6. El debate es una forma de intercambio oral de información que está muy presente en los medios de comunicación actuales. Partiendo de estos debates que se pueden observar en los medios de comunicación, ¿qué características básicas respecto a duración, intervenientes o respeto cree que debe tener un debate para que pueda ser realizado de forma adecuada?

Aplicación práctica

En una comunidad de vecinos de un edificio se ha llevado a cabo una acción divulgativa con el fin de promover el uso eficiente de la energía. Como parte de esta acción divulgativa, es necesario realizar la evaluación con el fin de comprobar que la acción ha tenido los efectos deseados.

Diseñe el proceso evaluativo que es necesario seguir para este caso concreto.

SOLUCIÓN

El proceso evaluativo debe constar de todas las etapas descritas anteriormente. Aplicando este proceso al caso concreto en el que se ha realizado una acción divulgativa en una comunidad de vecinos, se obtiene el siguiente proceso evaluativo:

1. Identificar los objetivos de la evaluación, que para este caso serán los siguientes:

   ▪ Comprobar que la comunidad de vecinos ha quedado concienciada de la importancia de la eficiencia energética.
   ▪ Comprobar que han entendido todos los parámetros que miden la eficiencia energética en un edificio, como el consumo de energía, la temperatura interior, etc.
   ▪ Comprobar que han asimilado todas las formas de lograr la eficiencia energética: aislamientos térmicos, utilización adecuada de la energía, etc.

Continúa en página siguiente >>

<< Viene de página anterior

2. Asignación de tareas, que consiste en determinar el instrumento de evaluación que se va a utilizar. Para este caso resulta más adecuado el diálogo o el debate, por ser un grupo muy heterogéneo en el que es necesario una evaluación muy dinámica. Además, la comunidad de vecinos es un grupo considerablemente reducido de personas, por lo que se puede aplicar este instrumento.

3. Fijación de criterios, en la que se determina cómo se va a realizar el debate o el diálogo. Para este caso, el debate o el diálogo puede estar centrado en los diferentes métodos para ahorrar energía y la posibilidad de aplicarlos en el edificio.

4. Establecimiento de los niveles de evaluación. Al ser la evaluación sobre una comunidad de vecinos, se puede considerar como adecuado que todos los participantes en el diálogo o debate demuestren que han asimilado los conocimientos y que hayan participado en la evaluación.

5. Evaluación, que se realizará durante el transcurso del debate o diálogo, contrastando el evaluador los conceptos adquiridos por cada uno de los sujetos.

6. Valoración, que se realizará según cómo haya transcurrido el debate y según los niveles de evaluación establecidos, es decir, si los participantes en el diálogo o debate demuestran que han asimilado los conocimientos.

7. Retroalimentación y toma de decisiones, que consiste en reunir de nuevo a la comunidad de vecinos, comunicarles el resultado de la evaluación y en determinar si la acción ha dado los resultados esperados.

5. Evaluación correctora

Una vez diseñadas las herramientas a emplear por el plan de evaluación y una vez recogidos todos los datos perseguidos, ha de hacerse acopio de toda la información suministrada por dichos instrumentos, para clasificarla y valorarla e interpretarla minuciosamente. Cuando se haya hecho esto, se podrá establecer si se han logrado los objetivos establecidos por el plan y los puntos donde se han detectado deficiencias, en los que habrán de formularse modificaciones y medidas correctoras para subsanarlos.

Cuando la campaña concluya, se elaborará un informe final que dictará si la campaña llevada a cabo debe prolongarse más tiempo, modificarse, detenerse... La evaluación que se lleve a cabo podrá desembocar en la necesidad de acciones correctivas que requieran modificar la presente campaña u otras en el futuro.

 Definición

---

Evaluación correctora
Conjunto de medidas llevadas a cabo para detectar la presencia, junto con las causas, de una situación no deseada. No pretende solo corregir el problema, sino justificarlo e identificar las causas que lo generaron para evitarlo en el futuro.

La evaluación correctiva consta de la realización de un conjunto de etapas cuyo fin es necesario para optimizar la campaña, pudiendo en el futuro omitir las partes de esta que hayan sido improductivas o simplemente no hayan arrojado los resultados esperados.

Además, es importante recalcar que las acciones correctivas no tienen que efectuarse necesariamente al final de la campaña de publicidad, sino que pueden tener lugar antes o durante su lanzamiento. Son tan importantes porque no se puede predecir todo lo que ocurrirá en el futuro cuando se lanza una campaña informativa, sino que ocurrirán cosas imprevistas que obligarán a realizar correcciones sobre la marcha.

Dicho todo lo anterior, cuando se realiza la evaluación o comparación entre campañas se perciben **desviaciones** entre los resultados esperados y los finalmente obtenidos. Los motivos por los que se producen deben ser identificados para subsanarse de cara al futuro.

Existen cuatro posibles **causas** que ocasionan las desviaciones:

1. Estrategia errónea o inadecuada.
2. Mala implementación de la estrategia.
3. Error durante el proceso de implementación.
4. Importantes cambios en los agentes externos de la sociedad que afectaron a la campaña de publicidad.

Por su parte, las desviaciones entre los resultados esperados y los conseguidos han de ser evaluadas en sí mismas para establecer su gravedad. Su relevancia es un proceso difícil de cuantificar, pues depende de multitud de factores, los cuales se van a desglosar siguiendo las indicaciones de dos especialistas y profesionales españoles en campañas publicitarias, Rodríguez y Munuera, y que a continuación se señalarán para determinar la magnitud de cada desviación:

- La constancia o recurrencia de la desviación, es decir, su perseverancia en el tiempo, que podría convertir la desviación en permanente e irreversible.
- La importancia o el valor de la magnitud que sufre la desviación en la campaña.
- La cantidad o el valor que se ha desviado.
- La tendencia compensatoria. Hay desviaciones que tienden a compensarse en casos futuros, son menos graves que aquellas desviaciones que tienden a crecer con el tiempo.
- La probabilidad de repetirse en el futuro.

Estos son los criterios que marcan la relevancia de una desviación. No todas las desviaciones son negativas, podría darse el caso de todo lo contrario y resultar favorables. Por ejemplo, se lanza una campaña sobre la eficiencia energética dirigida principalmente a familias y hogares y después, analizando dicha campaña, se detecta que ha tenido también un fuerte impacto en las empresas. Sería, por tanto, una desviación con implicaciones imprevistas muy positivas.

Un tema que por su importancia merece la pena citarse es, una vez registrada y clasificada toda la información recogida según las variables de las que depende, es la interpretación de los datos, la necesidad de decidir cuáles de ellos son válidos y cuáles no a la hora de realizar evaluaciones. Y es que un proceso crítico para la correcta evaluación de la eficiencia de las medidas de promoción llevadas a cabo es el relativo a la eliminación de los datos no válidos, que habrán de ser detectados y suprimidos.

Esta información puede no solo ser inútil sino además engañosa, pues puede dar lugar a conclusiones erróneas. Un tipo de errores muy significativo y preocupante es el que se comete a través del uso de encuestas, pues es realmente difícil de subsanar una vez cometido el error pues no hay forma de un repaso a modo de verificación de los datos. Su origen puede ser variado: desde errores involuntarios en su realización por parte de quien las rellena, hasta cumplimentación aleatoria por falta de tiempo o motivación, o incluso incomprensión por lo que se pregunta. Si esta información se admite como válida, el proceso de interpretación no será fiable y dará resultados imprecisos.

La forma de combatir dichos datos no deseables es maximizar la precisión y concentración por parte de quien escribe las respuestas, ser claro, conciso y aplicar sencillez a la hora de elaborar las preguntas a responder por los ciudadanos y seleccionar un sesgo de población representativo para que las responda.

Además, podrán eliminarse o cuanto menos cuestionarse, si no fuera posible verificarse, aquellos datos que, si hay evidencias manifiestas de su incoherencia, puedan generar conclusiones equivocadas.

Actividades

7. ¿Qué se entiende por 'desviaciones' a la hora de la evaluación de una campaña de divulgación?

Por último, no deben confundirse **datos erróneos** con **datos inesperados** o que no encajen con los objetivos buscados. Obviamente, si el plan perseguía unos valores que no se han logrado a juzgar por los datos recogidos y estos son fiables, no han de invalidarse, sino todo lo contrario, ha de profundizarse en su estudio para conocer los motivos que los han provocado para posteriormente realizar valoraciones, conclusiones y autocrítica de ser necesario.

Asimilado lo explicado relativo a errores, y una vez seleccionada la información que se considera como útil y válida para la evaluación y comparación de la eficiencia de las medidas aplicadas, lo siguiente que ha de hacerse es buscar dependencias entre variables para establecer razonamientos válidos.

Ejemplo

Si se diera el caso de que en destinatarios de elevada edad, la formación por internet en eficiencia energética deja un grado de satisfacción y de formación del destinatario muy por debajo de lo deseado por el plan para un porcentaje muy elevado de la muestra encuestada, ha de desecharse esa opción para ese rango de edad de cara al futuro, y deberá comprobarse si otras temáticas también tienen una aceptación tan baja en las mismas condiciones o se trata solo de un hecho aislado.

5.1. Acciones correctoras

Una vez que se han evaluado las distintas desviaciones llega el momento de establecer acciones correctoras para dichas desviaciones (entendidas como negativas en adelante), y para ello lo primero es identificar la causa que las originó. Una forma muy práctica de lograrlo es mediante una revisión continua o **monitoreo** durante la campaña con revisiones periódicas de los procesos que se siguen, a fin de identificar inmediatamente la más mínima desviación que pudiera surgir.

A este respecto, existen principalmente dos tipos de controles o monitoreo:

- **Control operativo.** Mide cómo se desarrolla la campaña, respecto al plan inicialmente ideado, hasta ese momento. Está muy vinculado a la empresa privada. Cuando se detecta una desviación en sus áreas críticas, se aplican de inmediato las medidas correctivas necesarias.
- **Control estratégico.** Busca maximizar el aprovechamiento de oportunidades por parte del promotor en función de las estrategias seguidas. Es consciente de que el mercado y las necesidades están en continuo cambio y por ello lo estudia en cada momento, realizando evaluaciones periódicas a fin de satisfacer y aprovechar las necesidades del mercado o las

inquietudes de la población. Si la estrategia queda obsoleta por cambios en el entorno actual, se deben tomar las medidas correctoras pertinentes.

Una vez detectadas y valoradas las desviaciones en la campaña habrán de tomarse las oportunas medidas. Ya se ha dicho que no solo pueden tener lugar durante su desarrollo, sino que pueden aplicarse desde el mismo inicio del desarrollo de la campaña, o una vez que se dispone de informes de resultados acerca de esta.

 Aplicación práctica

Se ha desarrollado una campaña de divulgación de la importancia del ahorro energético durante la primera quincena de abril en Sevilla, y una de las estrategias consistía en realizar un congreso y eventos varios relacionados con la energía en un recinto al aire libre. Una vez concluido el evento, se hizo una comparación entre los objetivos previos y los finalmente logrados, obteniéndose lo esperado en la mayoría de los campos. Sin embargo, se encontró que no se cumplieron las estimaciones de asistencia de público estimado por las previsiones, acudiendo solo 7.000 personas de media diaria pese a estimarse unas 10.000. Se sabe que llovió copiosamente esos días y que la misma estrategia había funcionado en otras ciudades. ¿Qué causas podrían achacarse a esta desviación?

SOLUCIÓN

Con los datos suministrados por el enunciado, se nos dice que la estrategia era apropiada de inicio, dado el éxito que tuvo en otras ciudades similares. Así pues, hay que buscar otras causas. Una muy evidente fue el hecho de que lloviera y el recinto estuviera al aire libre. Se debió haber actuado en ese caso con una medida correctora inmediata, como por ejemplo poner lonas en el recinto o trasladarse de ser posible a un pabellón cubierto. Esta causa, por tanto, se debe a un agente externo, pero debió actuarse de forma inmediata para corregirlo, y no se hizo.

Además, yendo un poco más allá, se percibe también como causa una mala implementación de la estrategia por elegirse como fecha la coincidente con la Feria de Abril en Sevilla, lo cual seguramente provocó una gran disminución de asistencia. Debió haberse valorado en el proceso de planificación.

5.2. Tipos de seguimiento

Así pues, diferenciando según el momento de la campaña en que se tomen medidas correctoras, tendremos tres tipos de seguimientos o controles.

Seguimientos iniciales

Son las correcciones previas al lanzamiento de la campaña de divulgación de eficiencia energética. Están íntimamente relacionadas con el control de si se emplean las herramientas, medios y personal adecuados. Se subdividen en dos categorías:

- **Relativos al reclutamiento y capacitación de empleados.** Ha de seleccionarse el personal idóneo para la campaña a juzgar por su vocación, experiencia y formación para las tareas designadas, así como su fe en los fundamentos del proyecto a desarrollar. Si no hay implicación del equipo, la campaña está abocada al fracaso y cada trabajador constituye un eslabón fundamental de cara al éxito.
- **Relativos a recursos económicos y/o financieros.** Un reparto imparcial y justo de los fondos para cada partida de la campaña es básico para su funcionamiento. No todas las partidas precisan de los mismos fondos y es por ello importante estimar al detalle cómo deben emplearse para lograr los objetivos fijados sin despilfarrar fondos públicos.

Seguimiento de los distintos procesos

Una vez controlada la etapa inicial de la campaña para evitar desviaciones desde la fase de comienzo, este seguimiento se realiza con la campaña en marcha, en proceso de funcionamiento. Debe controlarse en este caso que los fondos con los que se cuenta se corresponden con lo estimado, que no hay escasez de materiales o herramientas, o que el grado de satisfacción de los receptores de la campaña es elevado. De lo contrario, se tomarían acciones correctoras de inmediato.

Actividades

8. ¿A qué tipo de causa originadora de desviaciones correspondería aplicar medidas de promoción de la eficiencia energética sin tener en cuenta una repentina crisis del petróleo?

Seguimiento y estudio de los resultados obtenidos

Concluida la campaña es momento de establecer conclusiones. Este estudio pretende comparar lo conseguido con lo que se pretendía antes de empezar la campaña. Aquí ya no se puede corregir la campaña finalizada, pero pueden detectarse errores o mejoras que puedan aplicarse de lanzarse dicha campaña divulgativa en el futuro, o compararse con otras campañas para ver cuál es más efectiva.

La gestión que se haga de la información obtenida del plan de evaluación resulta de gran valor, pues servirá para determinar qué campañas son más efectivas para cada sector de población o para cada objetivo concreto relacionado con la promoción de la eficiencia energética. Así, por ejemplo, podría resultar que los cursos formativos presenciales resulten ser la herramienta más efectiva para profesionales en el tema de la certificación energética pero, sin embargo, serán los juegos educativos los que den un mejor resultado para menores de edad, sobre el tema del ahorro energético.

Lo que se quiere decir con lo anterior es que no pueden compararse distintas alternativas sin saber las peculiaridades de cada plan específico desglosado según variables. Por tanto, para tratar bien la información de la que se dispone, se debe clasificar en función de varios parámetros:

- Temática a la que se refiere el plan.
- Perfil técnico del destinatario (formación en el campo en cuestión).
- Edad del destinatario.
- Modo o medio con el que recibió la formación/información.
- Duración del período formativo/informativo.

- Material que se le suministró.
- Características de la información (contenido, lenguaje, longitud…).
- Grado de formación logrado.
- Satisfacción personal del destinatario.
- Otros datos de interés.

Cuanta más información pueda aportarse más factible hará la toma de conclusiones de carácter exitoso, y podrán vincularse unas variables a otras como norma general. Trabajando de este modo podrán clasificarse los temas por columnas si se trabaja con bases de datos y así poder ordenar dicha información con libertad facilitando la tarea de investigación y el proceso de evaluación.

Los distintos tipos de seguimiento estudiado son todos y cada uno imprescindibles en cualquier campaña. Que se emplee uno no quiere decir que el resto sean innecesarios, sino todo lo contrario, pues la ausencia de un único tipo de seguimiento llevaría al fracaso el seguimiento y diagnóstico de desviaciones de toda la campaña.

 Aplicación práctica

Se ha desarrollado una campaña de divulgación de la importancia del ahorro energético exclusivo para la localidad sevillana de Castilleja de la Cuesta, y se han realizado varios procesos de seguimiento y control de dicha campaña. En concreto, lo que se hizo fue:

- Programa de asignación de fondos dedicados a la campaña coordinada por un especialista con experiencia en otros proyectos, con reparto y dotaciones fijadas para cada departamento.
- Informe exhaustivo de resultados con conclusiones significativas y comparación entre objetivos fijados y objetivos logrados.
- El mismo especialista del primer guión coordinó la contratación de empleados y estableció las exigencias formativas mínimas de contratación.
- Se pide identificar cada guión con la etapa de seguimiento o control a la que pertenece, y comentar si se echa en falta algo relativo al proceso en cuestión.

Continúa en página siguiente >>

<< Viene de página anterior

SOLUCIÓN

El seguimiento de una campaña se realiza para, en caso de encontrar desviaciones respecto a lo deseado, tomar medidas correctoras. En el proceso de seguimiento de esta campaña, en su primer punto, se catalogaría como un seguimiento inicial, pues se realiza antes de que comience la campaña, y dentro de este tipo pertenecería al subgrupo dedicado a recursos económicos y financieros. También pertenecería al seguimiento inicial el tercer guión, pero ahora el subtipo sería distinto, pues se encarga de seleccionar el personal idóneo para realizar la campaña y de su cualificación.

Sin embargo, el segundo guión se refiere a un proceso efectuado una vez acabada la campaña, por lo que sería del tipo seguimiento de los resultados finales.

Por último, no se cita el control de procesos, seguimiento que se realiza durante el funcionamiento de la campaña para corregir deficiencias surgidas en el momento. No realizar dicho seguimiento sería un error gravísimo, el cual generaría desviaciones insalvables, las cuales, además, serían difíciles de diagnosticar en el informe de resultados. Los distintos tipos de seguimiento son siempre complementarios entre sí, nunca la presencia de uno hace innecesario otro.

6. Informes de resultados

Cuando se han concluido las distintas fases necesarias para la realización de un plan de promoción y divulgación de la eficiencia energética, y se han aplicado, sirviéndose de las herramientas precisas, uno o varios modelos de evaluación, llega el momento de formalizar de forma escrita las conclusiones, ideas y resultados obtenidos con su realización, que quedarán así plasmadas para su uso y comparación con experiencias pasadas y futuras. Esto se logra con la realización de un informe de resultados.

El informe o, dicho en un término más general, el proceso de generación de conocimiento, sería la tercera y última parte de este tipo de acciones. Antes habría que, en la primera etapa, decidir qué se quería hacer, y en la segunda, hacerlo apropiadamente. Así pues, el informe evalúa las medidas que se han realizado durante la campaña.

Desde un punto de vista general, los informes surgen como consecuencia de una necesidad concreta, y en ellos ha de evitarse la subjetividad, buscándose la objetivada y el rigor.

Es imprescindible que cualquier informe de resultados aporte datos e información más que suficiente para que un lector cualificado en esa disciplina pueda juzgar, comprender e incluso formular nuevas propuestas constructivas a sus sugerencias o recomendaciones.

En este sentido, los informes de resultados incluirán aquella información que refleje fielmente y de forma concreta la situación analizada, así como las tablas, los gráficos y los diagramas que expongan los resultados obtenidos de forma visual, con lo cual se reducirá el tiempo necesario para su análisis, facilitará la comprensión acerca del éxito logrado con las acciones divulgativas desarrolladas, y servirá de base a sus destinatarios para la planificación de acciones futuras.

7. Resumen

La correcta divulgación de la eficiencia energética es un objetivo tan importante como delicado por lo difícil que es hacerlo atractivo a los destinatarios, los cuales a veces no dan a dicho tema la importancia que merece. Por ello, y por el dinero que los organismos públicos invierten en su promoción, es necesario realizar procesos de seguimiento de dichas campañas para emitir valoraciones sobre su eficacia.

La evaluación de las campañas de información y formación es un proceso que consta de varias etapas y se surte de numerosos instrumentos para su realización. Determinar los instrumentos óptimos dependerá del tipo de campaña, de los objetivos y del receptor, además de otros múltiples detalles. Para ello, la retroalimentación de experiencias previas es muy importante, tanto la adquirida en situaciones pasadas en este u otros países del entorno europeo como la extrapolación de medidas exitosas de promoción en temas distintos a la eficiencia energética.

Por ello mismo, la elaboración de informes donde se detallan y analizan debidamente los resultados obtenidos es una herramienta óptima para los desarrolladores de campañas divulgativas de cara al futuro, con la que podrán realizarse críticas constructivas para la detección de errores, que habrán de eliminarse, y de aciertos, que habrán de potenciarse y perfeccionarse.

Ejercicios de repaso y autoevaluación

1. **De las siguientes frases, indique cuál es verdadera o falsa.**

   a. La retroalimentación y la toma de decisiones es la última etapa del proceso evaluativo.

   ☐ Verdadero
   ☐ Falso

   b. Lo primero que se debe realizar en el proceso evaluativo es identificar los niveles de evaluación.

   ☐ Verdadero
   ☐ Falso

   c. En primer lugar se valora y, posteriormente, se evalúa.

   ☐ Verdadero
   ☐ Falso

   d. La retroalimentación consiste en evaluar independientemente a las personas.

   ☐ Verdadero
   ☐ Falso

2. **¿Qué se entiende por heteroevaluación?**

   _____
   _____

3. **¿Cómo se clasifican los modelos de evaluación según su funcionalidad?**

   a. Inicial, procesual y final.
   b. Diagnóstica, formativa y sumativa.
   c. Autoevaluación, coevaluación y heteroevaluación.
   d. Diagnóstica, procesual y sumativa.

4. ¿Cómo se define la autoevaluación?

_____

_____

5. ¿Qué actitud debe adoptar el evaluador en el trabajo por equipos?

_____

_____

_____

_____

6. De las siguientes frases, indique cuál es verdadera o falsa.

   a. Las pruebas libres orales son las pruebas de evaluación más objetivas.

       ☐ Verdadero
       ☐ Falso

   b. Las pruebas escritas objetivas ofrecen varias respuestas como válidas.

       ☐ Verdadero
       ☐ Falso

   c. Las pruebas escritas libres están ceñidas a una respuesta determinada.

       ☐ Verdadero
       ☐ Falso

   d. Los test de selección única son un ejemplo de las pruebas escritas objetivas.

       ☐ Verdadero
       ☐ Falso

7. **Señale de la lista siguiente los dos instrumentos de evaluación que ofrecen un mayor dinamismo.**

    a. El trabajo en equipo.
    b. Las pruebas de evaluación.
    c. Los intercambios orales: el diálogo y debate.
    d. La autoevaluación.

8. **De las siguientes frases, indique cuál es verdadera o falsa.**

    a. La evaluación correctora implica el fracaso de una campaña.

        ☐ Verdadero
        ☐ Falso

    b. La evaluación correctora surge de la aparición de desviaciones.

        ☐ Verdadero
        ☐ Falso

    c. Las acciones correctivas pueden hacerse en cualquier momento de la campaña.

        ☐ Verdadero
        ☐ Falso

    d. Las acciones correctivas se toman una vez finalizada la campaña.

        ☐ Verdadero
        ☐ Falso

9. **Complete la siguiente oración.**

Cuando se realiza la evaluación o _____ entre campañas se perciben _____ entre los resultados esperados y los finalmente _____. Los motivos por los que se producen deben ser _____ _____ para subsanarse de cara al futuro.

10. ¿Qué se entiende por la constancia de una desviación?

11. ¿Qué variable no afecta a la magnitud de una desviación?

    a. Constancia
    b. Valor desviado.
    c. Su importancia.
    d. La etapa de la campaña.

12. ¿A qué nos referimos al hablar de control operativo?

13. ¿En qué consisten los seguimientos iniciales?

14. Enumere las distintas etapas del proceso evaluativo.

_____
_____
_____
_____
_____
_____
_____

15. Complete la siguiente oración.

Desde un punto de vista general, los informes surgen como consecuencia de una _____, y en ellos ha de evitarse _____, _____ buscándose la _____ y el _____.

Bibliografía

Monografías

▌ *Guía de la Energía para Centros escolares.* Fundación Centros de Recursos Ambientales de Navarra, 2006.

▌ MUNUERA, J. L. y RODRÍGUEZ, A. I.: *Marketing Strategies for a Profitable Growth (Estrategias de Marketing para un crecimiento rentable).* Madrid: ESIC, 2000.

▌ *Plan de Acción 2008-2012 de la Estrategia de Ahorro y Eficiencia Energética en España.* IDAE, Ministerio de Industria, Turismo y Comercio.

▌ *Plan de Ahorro y Eficiencia Energética 2011-2020.* IDAE, Ministerio de Industria, Turismo y Comercio.

Textos electrónicos, base de datos y programas informáticos

▌ El sistema eléctrico español 2020. Red Eléctrica de España, de: <https://www.ree.es/sites/default/files/publication/2022/05/downloadable/inf_sis_elec_ree_2020_0.pdf>.

▌ ERESEE 2020. Actualización 2020 de la estrategia a largo plazo para la rehabilitación energética en el sector de la edificación en España. Ministerio de Transportes, Movilidad y Agenda Urbana, de: <https://www.transportes.gob.es/recursos_mfom/paginabasica/recursos/eresee_2020.pdf>.

❙ Libro de la Energía en España 2020. Ministerio para la transición ecológica y el reto demográfico, de: <https://www.miteco.gob.es/content/dam/miteco/es/energia/files-1/balances/Balances/LibrosEnergia/Libro_Energia_Espana_2020.pdf>.

❙ Plan nacional integrado de energía y clima 2021-2030, de: <https://www.miteco.gob.es/content/dam/miteco/es/ministerio/planes-estrategias/plan-nacional-integrado-energia-clima/plannacionalintegradodeenergiayclima2021-2030_tcm30-546623.pdf>.

❙ Trabajo fin de grado análisis del consumo de energía en el sector residencial: eficiencia energética, sostenibilidad y coste del ciclo de vida. Autor: Beatriz Galán Martínez Director: Elías Gómez López, de: <https://repositorio.comillas.edu/xmlui/bitstream/handle/11531/49371/TFG-Galan%20Martinez%2C%20Beatriz.pdf?sequence=1>.

Legislación

❙ Directiva (UE) 2023/1791 del Parlamento Europeo y del Consejo de 13 de septiembre de 2023 relativa a la eficiencia energética y por la que se modifica el Reglamento (UE) 2023/955 (versión refundida) (Texto pertinente a efectos del EEE).

❙ Real Decreto 450/2022, de 14 de junio, por el que se modifica el Código Técnico de la Edificación, aprobado por el Real Decreto 314/2006, de 17 de marzo.

❙ Real Decreto 390/2021, de 1 de junio, por el que se aprueba el procedimiento básico para la certificación de la eficiencia energética de los edificios.

❙ Real Decreto 235/2013, de 5 de abril, por el que se aprueba el procedimiento básico para la certificación de la eficiencia energética de los edificios.

❙ Documento Básico HE: Ahorro de Energía, 2022, Código Técnico de Edificación.